"十四五"高等学校数字媒体类专业规划教材

After Effects
影视特效与合成
经典案例教程

夏三鳌　眭建国　谢晓勇 ◎ 编著

中国铁道出版社有限公司
CHINA RAILWAY PUBLISHING HOUSE CO., LTD.

内 容 简 介

本书共10章，从After Effects的基本操作入手，结合大量的可操作性经典案例，全面而深入地阐述了After Effects的影视特效与合成基础知识、动画和关键帧、遮罩与遮罩动画、图层与灯光、调色、滤镜特效、抠像与模拟仿真技术、文字创建与文字动画、表达式、MG角色动画等方面的技术。

本书中的所有案例均为精心挑选，且每个章节均有配套的视频教学课程，读者在阅读过程中，只需拿出手机扫一扫题处的二维码，即可打开视频学习课程。

本书适合作为各类高等院校相关专业的教材，也可作为职业院校及计算机培训学校相关专业的教材，还可作为影视特效与合成爱好者的参考用书。

图书在版编目（CIP）数据

After Effects影视特效与合成经典案例教程/夏三鳌，眭建国，谢晓勇编著.—北京：中国铁道出版社有限公司，2022.1（2025.1重印）

"十四五"高等学校数字媒体类专业规划教材

ISBN 978-7-113-28608-8

Ⅰ.①A… Ⅱ.①夏…②眭…③谢… Ⅲ.①图像处理软件-高等学校-教材 Ⅳ.①TP391.413

中国版本图书馆CIP数据核字(2021)第247155号

书　　名：	After Effects影视特效与合成经典案例教程
作　　者：	夏三鳌　眭建国　谢晓勇
策　　划：	刘丽丽　　　　　　　　编辑部电话：（010）51873090
责任编辑：	刘丽丽　包　宁
封面设计：	刘　颖
责任校对：	焦桂荣
责任印制：	赵星辰
出版发行：	中国铁道出版社有限公司（100054，北京市西城区右安门西街8号）
网　　址：	https://www.tdpress.com/51eds
印　　刷：	三河市国英印务有限公司
版　　次：	2022年1月第1版　2025年1月第4次印刷
开　　本：	787 mm×1 092 mm　1/16　印张：11.5　字数：263千
书　　号：	ISBN 978-7-113-28608-8
定　　价：	45.00元

版权所有　侵权必究

凡购买铁道版图书，如有印制质量问题，请与本社教材图书营销部联系调换。电话：（010）63550836

打击盗版举报电话：（010）63549461

前　言

　　Adobe After Effects 软件可以帮助用户高效且精确地创建无数种引人注目的动态图形和震撼人心的视觉效果。利用与其他 Adobe 软件紧密集成和高度灵活的 2D 和 3D 合成，以及数百种预设的效果和动画，为电影、视频、DVD 和 Flash 作品增添令人耳目一新的效果。

　　本书以理论＋案例的形式进行讲解，通过从简单到复杂的案例实现，让读者更好、更快地理解和掌握 After Effects 软件相关的命令及其使用方法。案例选择实用且接近商业制作，因此，对读者择业取向的确定有一定的帮助。

　　全书共 10 章，从 After Effects 的基本操作入手，全面而深入地阐述了 After Effects 的影视特效与合成基础知识、动画和关键帧、遮罩与遮罩动画、图层与灯光、调色、滤镜特效、抠像与模拟仿真技术、文字创建与文字动画、表达式、MG 角色动画等方面的技术。

　　本书每章分别介绍一个技术板块的内容，以典型的实例制作为主线讲解、剖析了 50 余个经典案例，通过对这些案例的详细讲解，将 After Effects 的各项功能、使用方法及其综合应用融入其中，从而达到学以致用、立竿见影的学习效果。

　　本书特色：

　　（1）在线微课：每章均制作了配套视频教学课程，读者在阅读过程中，只需拿出手机扫一扫标题处的二维码，即可打开视频学习课程，可充分利用碎片时间来学习。

　　（2）激发学习兴趣：内容丰富、全面、循序渐进、图文并茂、边讲边练、激发学习兴趣。

　　（3）实践和教学经验的总结：多年一线实践和教学经验的积累和总结，实用性和指导性强。

　　（4）培养动手能力和提高操作技能：步骤详细，讲解生动，能培养读者的动手能力，避免被枯燥的理论密集轰炸。

　　本书系 2020 年湖南省线上线下混合式一流本科课程——三维动画制作、2019 年度湖南省自然科学基金（项目编号 2019JJ0094）、2018 年度湖南省社科基金项目（项目编号 18YBA182）、2020 年湖南科技学院线上线下混合式一流本科课程——影视特效制作与合成研究成果之一。

　　本书由湖南科技学院教授夏三鳌，永州职业技术学院眭建国、谢晓勇编著，编者均长期从事影视动画、数字媒体技术、计算机艺术设计与教学工作。夏三鳌已出版《Photoshop CS 实训教程》《Photoshop CS2 包装与广告创意设计实例与技法》《3ds Max8 家居效果图设计完全攻略》《3ds

Max 三维设计经典实录 228 例》《Photoshop 图像处理与平面设计案例教程》《3ds Max 动画案例课堂实录》等多本计算机艺术设计图书。

  本书内容丰富、层次清晰、图文并茂,特别适合作为各类高等院校、职业院校及计算机培训学校相关专业的教材,以及三维动画爱好者的参考用书。

  由于编者的经验有限,书中难免有疏漏和不足之处,在此恳请专家和同行批评指正。如读者在阅读本书的过程中遇到问题,或有其他建议,请发电子邮件至:xiasanao@163.com。

编 者

2021 年 8 月

目 录

第 1 章 影视特效与合成基础知识 1
1.1 镜头的一般表现手法 1
1.1.1 推镜头 1
1.1.2 拉镜头 2
1.1.3 移镜头 3
1.1.4 摇镜头 3
1.2 电影蒙太奇表现手法 4
1.2.1 叙事蒙太奇 4
1.2.2 表现蒙太奇 5
1.2.3 理性蒙太奇 6
1.3 特效与合成分类 7
1.3.1 影视特效视觉特效 7
1.3.2 影视特效声音特效 8
1.4 Adobe After Effects 软件 8
1.5 After Effects 的工作流程 9
1.6 输出设置 13
1.7 经典案例 13
1.7.1 校徽动画 13
1.7.2 "健康有约"视频合成 17

第 2 章 After Effects 动画和关键帧 23
2.1 使用基本属性制作动画 24
2.2 关键帧的基本操作 24
2.2.1 动画开关 25
2.2.2 添加关键帧 25
2.2.3 删除关键帧 25
2.2.4 关键帧导航 26
2.2.5 选择关键帧 27
2.2.6 移动关键帧 27
2.2.7 复制和粘贴关键帧 27

2.3 控制关键帧 27
2.3.1 调整关键帧插值 28
2.3.2 贝塞尔曲线 28
2.4 图形编辑器 28
2.5 经典案例 30
2.5.1 音乐无限动画 30
2.5.2 金鱼动画 36

第 3 章 遮罩与遮罩动画 40
3.1 创建遮罩 40
3.1.1 创建矩形遮罩 40
3.1.2 创建自由遮罩 41
3.2 遮罩形状的修改 43
3.2.1 节点的移动 43
3.2.2 节点的转换 44
3.3 遮罩属性修改 45
3.3.1 遮罩属性 45
3.3.2 遮罩的锁定 47
3.4 经典案例 50
3.4.1 水果遮罩动画 50
3.4.2 手机动画 53
3.4.3 图层蒙版效果 55

第 4 章 图层与灯光 58
4.1 图层的分类 58
4.1.1 文本层 58
4.1.2 纯色层 59
4.1.3 灯光层 59
4.1.4 摄像机层 62
4.1.5 空对象层 64
4.1.6 形状图层 65

4.1.7	调整图层		65

4.1.7 调整图层 65
4.2 图层的混合模式 65
4.3 经典案例 70
    4.3.1 3D 空间 70
    4.3.2 立方体动画 75

第 5 章 调色 80

5.1 色彩构成 80
    5.1.1 色彩概述 80
    5.1.2 色彩与心理 82
5.2 色彩的调整方法 82
    5.2.1 色阶 82
    5.2.2 曲线 83
    5.2.3 亮度/对比度 85
    5.2.4 色相/饱和度 86
5.3 经典案例 87
    5.3.1 曝光过渡效果 87
    5.3.2 冷暖色调整 89
    5.3.3 调色综合运用 92

第 6 章 滤镜特效 95

6.1 滤镜特效简介 95
6.2 3D 通道特效 96
6.3 模糊和锐化特效 96
6.4 风格化特效 98
6.5 扭曲特效 100
6.6 生成特效 102
6.7 第三方插件 104
    6.7.1 TrapCode 特效 105
    6.7.2 Knoll Light Factory 特效 108
6.8 经典案例 110
    6.8.1 圣杯特效动画 110
    6.8.2 群鸟飞舞 113
    6.8.3 火焰特效 121
    6.8.4 人物特技 124

第 7 章 抠像与模拟仿真技术 127

7.1 抠像技术 127
    7.1.1 颜色范围 127
    7.1.2 线性颜色键 128
    7.1.3 Key light 130
7.2 模拟仿真技术 131
7.3 经典案例 133
    7.3.1 精品课程人物抠像 133
    7.3.2 蒙版爆炸效果 135

第 8 章 文字创建与文字动画 138

8.1 创建文字 138
8.2 文字属性 138
    8.2.1 文字动画 139
    8.2.2 路径 139
8.3 经典案例 142
    8.3.1 文字卡片翻转动画 142
    8.3.2 爆炸碎片文字动画 145

第 9 章 表达式 148

9.1 time 表达式 148
9.2 抖动/摆动表达式 149
9.3 index 表达式（索引表达式） 150
9.4 value 表达式 152
9.5 random 表达式（随机表达式） 153
9.6 loopOut 表达式（循环表达式） 154
9.7 经典案例 155
    9.7.1 文字合成 155
    9.7.2 蝴蝶飞舞 158

第 10 章 MG 角色动画 161

10.1 MG 动画的概念 161
10.2 动力学和动画工具 164
10.3 经典案例 166
    10.3.1 角色挥手动画 166
    10.3.2 角色行走动画 170
    10.3.3 古画 MG 动画 173

第 1 章

影视特效与合成基础知识

在影视中，人工制造出来的假象和幻觉，被称为影视特效与合成（又称特技效果）。电影摄制者利用它们来避免让演员处于危险的境地，或者利用它们来让电影更扣人心弦，如图1-1所示。人们对计算机的使用，使得电影特效制作的速度以及质量都有了巨大的进步。设计者只需输入少量的信息，计算机就能自动合成复杂的图像以及画面片断。

■ 图1-1 影视合成特效

1.1 镜头的一般表现手法

镜头是影视创作的基本单位，一个完整的影视作品，是由一个个镜头完成的，离开独立的镜头，也就没有影视作品。通过多个镜头的组合与设计的表现，完成整个影视作品镜头的制作。所以说，镜头的应用技巧直接影响影视作品的最终效果。那么在影视拍摄中，常用镜头是如何表现的呢？下面详细讲解常用镜头的使用技巧。

1.1.1 推镜头

推镜头是比较常用的一种拍摄手法，它主要利用摄像机前移或变焦来完成，逐渐靠近要表现的主体对象，使人感觉一步一步走进要观察的事物，近距离观看某个事物，它可以表现同一个对象从远到近变化，也可以表现一个对象到另一个对象的变化，这种镜头的运用，主要突出要拍摄的对象或是对象的某个部位，从而更清楚地看到细节的变化。比如观察一个古董，从整体通过变焦看到所编辑的部分特征，也是应用推镜头，如图1-2所示。

■ 图1-2　推镜头的应用

1.1.2　拉镜头

拉是摄像机逐渐远离被摄主体，或变动镜头焦距使画面框架由近至远与主体拉开距离的拍摄方法，用这种方法拍摄的画面称为拉镜头。拉镜头形成视觉后移效果，使被摄主体由大变小，周围环境由小变大。拉镜头有利于表现主体和主体与所处环境的关系，其取景范围和表现空间是从小到大不断扩展的，使得画面构图形成多结构变化，如图1-3所示。

■ 图1-3　拉镜头效果

1.1.3 移镜头

移镜头又称移动拍摄,它是将摄像机固定在移动的物体上做各个方向的移动来拍摄不动的物体,使不动的物体产生运动效果,摄像时将拍摄画面逐步呈现,形成巡视或展示的视觉感受。它将一些对象连贯起来加以表现,形成动态效果而组成影视动画展现出来,可以表现出逐渐认识的效果,并能使主题逐渐明了。比如,我们坐在奔驰的车上,看窗外的景物,景物本来是不动的(见图 1-4),但却感觉是景物在动。这是同一个道理,这种拍摄手法多用于表现静物动态时的拍摄。

■ 图 1-4 移镜头的应用效果

1.1.4 摇镜头

摇摄是指当摄像机机位定点不动,变动摄像机光学镜头轴线的拍摄方法。摇镜头犹如人们转动头部环顾四周或将视线由一点移向另一点的视觉效果,使观众不断调整自己的视觉注意力。摇镜头可以展示空间,扩大视野,有利于通过小景别画面包容更多的视觉信息,此外还可交代同一场景中两个主体的内在联系,如图 1-5 所示。

■ 图 1-5 摇镜头效果

1.2 电影蒙太奇表现手法

蒙太奇是法语 Montage 的译音,原为建筑学用语,意为构成、装配。到了 20 世纪中期,电影艺术家将它引入了电影艺术领域,意思转变为剪辑、组合剪接,即影视作品创作过程中的剪辑组合。在无声电影时代,蒙太奇表现技巧和理论的内容只局限于画面之间的剪接,在后来出现了有声电影之后,影片的蒙太奇表现技巧和理论又包括了声画蒙太奇和声音蒙太奇技巧与理论,含义便更加广泛了。"蒙太奇"的含义有广义、狭义之分。狭义的蒙太奇专指对镜头画面、声音、色彩诸元素编排组合的手段,其中最基本的意义是画面的组合。而广义的蒙太奇不仅指镜头画面的组接,也指影视剧作从开始直到作品完成整个过程中艺术家的一种独特艺术思维方式。

1.2.1 叙事蒙太奇

这种蒙太奇由美国电影大师格里菲斯等人首创,是影视片中最常用的一种叙事方法,它的特征是以交代情节、展示事件为主旨,按照情节发展的时间流程、因果关系来分切组合镜头、场面和段落,从而引导观众理解剧情。这种蒙太奇组接脉络清楚,逻辑连贯,通俗易懂。叙事蒙太奇又包含下述几种具体技巧。

1. 平行蒙太奇

这种蒙太奇常以不同时空(或同时异地)发生的两条或两条以上的情节线并列表现,分头叙述而统一在一个完整的结构之中。格里菲斯、希区柯克都是极善于运用这种蒙太奇的大师。平行蒙太奇应用广泛,首先因为用它处理剧情,可以删节过程以利于概括集中,节省篇幅,扩大影片的信息量,并加强影片的节奏;其次,由于这种手法是几条线索平列表现,相互烘托,形成对比,易于产生强烈的艺术感染效果。如影片《南征北战》中,导演用平行蒙太奇表现敌我双方抢占摩天岭的场面,造成了紧张的气氛,扣人心弦,如图 1-6 所示。

■ 图 1-6 《南征北战》平行蒙太奇表现方法

2. 交叉蒙太奇

交叉蒙太奇又称交替蒙太奇，它将同一时间不同地域发生的两条或数条情节线迅速而频繁地交替剪接在一起，其中一条线索的发展往往影响另外的线索，各条线索相互依存，最后汇合在一起。这种剪辑技巧极易引起悬念，造成紧张激烈的气氛，加强矛盾冲突的尖锐性，是掌握观众情绪的有力手法，惊险片、恐怖片和战争片常用此法造成追逐和惊险的场面。如《南征北战》中抢渡大沙河一段，将我军和敌军急行军奔赴大沙河以及游击队炸水坝三条线索交替剪接在一起，表现了那场惊心动魄的战斗。

3. 重复蒙太奇

重复蒙太奇相当于文学中的复叙方式或重复手法，在这种蒙太奇结构中，具有一定寓意的镜头在关键时刻反复出现，以达到刻划人物，深化主题的目的。如《战舰波将金号》中的夹鼻眼镜和那面象征革命的红旗，都曾在影片中重复出现，使影片结构更为完整。

4. 连续蒙太奇

连续蒙太奇不像平行蒙太奇或交叉蒙太奇那样多线索地发展，而是沿着一条单一的情节线索，按照事件的逻辑顺序，有节奏地连续叙事。这种叙事自然流畅，朴实平顺，但由于缺乏时空与场面的变换，无法直接展示同时发生的情节，难于突出各条情节线之间的队列关系，不利于概括，易有拖沓冗长、平铺直叙之感。因此，在一部影片中很少单独使用，多与平行、交叉蒙太奇交混使用，相辅相成。

1.2.2 表现蒙太奇

表现蒙太奇是以镜头队列为基础，通过相连镜头在形式或内容上相互对照、冲击，从而产生单个镜头本身所不具有的丰富含义，以表达某种情绪或思想。其目的在于激发观众的联想，启迪观众的思考。

1. 抒情蒙太奇

抒情蒙太奇是一种在保证叙事和描写的连贯性的同时，表现超越剧情之上的思想和情感。让·米特里指出：它的本意既是叙述故事，亦是绘声绘色的渲染，并且更偏重于后者。意义重大的事件被分解成一系列近景或特写，从不同的侧面和角度捕捉事物的本质含义，渲染事物的特征。最常见、最易被观众感受到的抒情蒙太奇，往往在一段叙事场面之后，恰当地切入象征情绪情感的空镜头。如苏联影片《乡村女教师》中，瓦尔瓦拉和马尔蒂诺夫相爱了，马尔蒂诺夫试探地问她是否永远等待他。她一往深情地答道："永远！"紧接着画面中切入两个盛开的花枝镜头。它本与剧情并无直接关系，但却恰当地抒发了作者与人物的情感。

2. 心理蒙太奇

心理蒙太奇是人物心理描写的重要手段，它通过画面镜头组接或声画有机结合，形象生动地展示出人物的内心世界，常用于表现人物的梦境、回忆、闪念、幻觉、遐想、思索等精神活动。

心理蒙太奇在剪接技巧上多用交叉穿插等手法，其特点是画面和声音形象的片断性、叙述的不连贯性和节奏的跳跃性，声画形象带有剧中人强烈的主观性。

3. 隐喻蒙太奇

通过镜头或场面的对列进行类比，含蓄而形象地表达创作者的某种寓意。这种手法往往将不同事物之间某种相似的特征突显出来，以引起观众的联想，领会导演的寓意和领略事件的情绪色彩。如普多夫金在《母亲》中将工人示威游行的镜头与春天冰河水解冻的镜头组接在一起，用以比喻革命运动势不可挡。隐喻蒙太奇将巨大的概括力和极度简洁的表现手法相结合，往往具有强烈的情绪感染力。不过，运用这种手法应当谨慎，隐喻与叙述应有机结合，避免生硬牵强。

4. 对比蒙太奇

类似文学中的对比描写，即通过镜头或场面之间在内容（如贫与富、苦与乐、生与死、高尚与卑下、胜利与失败等）或形式（如景别大小、色彩冷暖、声音强弱、动静等）的强烈对比，产生相互冲突的作用，以表达创作者的某种寓意或强化所表现的内容和思想。

1.2.3 理性蒙太奇

让·米特里给理性蒙太奇下的定义是：它是通过画面之间的关系，而不是通过单纯的一环接一环的连贯性叙事表情达意。理性蒙太奇与连贯性叙事的区别在于，即使它的画面属于实际经历过的事实，按这种蒙太奇组合在一起的事实总是主观视像。理性蒙太奇由苏联学派主要代表人物爱森斯坦创立，主要包含杂耍蒙太奇、反射蒙太奇和思想蒙太奇。

1. 杂耍蒙太奇

爱森斯坦给杂耍蒙太奇的定义是：杂耍是一个特殊的时刻，其间一切元素都是为了促使把导演打算传达给观众的思想灌输到他们的意识中，使观众进入引起这一思想的精神状况或心理状态中，以造成情感的冲击。这种手法在内容上可以随意选择，不受原剧情约束，促使造成最终能说明主题的效果。与表现蒙太奇相比，这是一种更注重理性、更抽象的蒙太奇形式。为了表达某种抽象的理性观念，往往强行加入某些与剧情完全不相干的镜头，例如，影片《十月》中表现孟什维克代表居心叵测的发言时，插入了弹竖琴的手的镜头，以说明其"老调重弹，迷惑听众"，如图1-7所示。对于爱森斯坦来说，蒙太奇的重要性无论如何不限于造成艺术效果的特殊方式，而是表达意图的风格，传输思想的方式：通过两个镜头的撞击确立一个思想，一系列思想造成一种情感状态，然后借助这种被激发起来的情感，使观众对导演打算传输给他们的思想产生共鸣。这样，观众不由自主地卷入该过程中，心甘情愿地去附和这一过程的总的倾向、总的含义，这就是这位伟大导演的原则。1928年以后，爱森斯坦进一步把杂耍蒙太奇推进为"电影辩证形式"，以视觉形象的象征性和内在含义的逻辑性为根本，而忽略了被表现的内容，以至陷入纯理论的迷津，同时也带来创作的失误。后人吸取了他的教训，现代电影中杂耍蒙太奇使用较为慎重。

■ 图1-7　《十月》杂耍蒙太奇表现方法

2. 反射蒙太奇

反射蒙太奇不像杂耍蒙太奇那样为表达抽象概念随意生硬地插入与剧情内容毫不相关的象征画面，而是所描述的事物和用来做比喻的事物同处一个空间，它们互为依存，或是为了与该事件形成对照，或是为了确定组接在一起的事物之间的反应，或是为了通过反射联想揭示剧情中包含的类似事件，以此作用于观众的感官和意识。例如《十月》中，克伦斯基在部长们簇拥下来到冬宫，一个仰拍镜头表现他头顶上方的一根画柱，柱头上有一个雕饰，它仿佛是罩在克伦斯基头上的光环，使独裁者显得无上尊荣。这个镜头之所以不显生硬，是因为爱森斯坦利用的是实实在在的布景中的一个雕饰，存在于真实的戏剧空间中的一件实物，他进行了加工处理，但没有利用与剧情不相干的物像吸引人。

3. 思想蒙太奇

这是维尔托夫创造的，方法是利用新闻影片中的文献资料重加编排表达一个思想。这种蒙太奇形式是一种抽象的形式，因为它只表现一系列思想和被理智所激发的情感。观众冷眼旁观，在银幕和他们之间造成一定的"间离效果"，其参与完全是理性的。

1.3 特效与合成分类

影视特效大致可分为视觉特效（又称视效）和声音特效（又称音效）。

1.3.1 影视特效视觉特效

在计算机出现之前所有特效都依赖传统特效完成。大家熟知的就是20世纪80年代的西游记，里面妖魔鬼怪全部由传统特效的化妆完成。专业人士制作妖怪的面具，演员套在头上进行拍摄。搭景体现为天宫的场景，建造一些类似于天宫的建筑，再放一些烟，就营造出天宫云雾缭绕的情景。

CG时代的特效制作大体分成两大类：三维特效和合成特效。其中，三维特效由三维特效师完成，主要负责动力学动画的表现，如建模、材质、灯光、动画、渲染；合成特效由合成师完成，主要负责各种效果的合成工作，如抠像、擦威、调色、合成、汇景。

代表世界顶尖影视特效水平的公司有：工业光魔、新西兰维塔公司等，近 20 年中无数震撼人心的大片大都由这几家公司完成。代表作：《阿凡达》《变形金刚》《加勒比海盗》《终结者》《侏罗纪公园》《星球大战》等，如图 1-8 所示。最为经典的作品是侏罗纪公园的史前恐龙、加勒比海盗的章鱼脸等。

■ 图 1-8　阿凡达场景视觉特效

1.3.2　影视特效声音特效

声音特效即所谓的音效，通常由拟音师、录音师、混音师协作完成。拟音师负责画面中所有特殊声音（如爆炸声、脚步声、破碎声等）的捕捉。录音师负责将拟音师的声音进行收录，最后通过混音的编辑加工成为影视使用的音效。

人景物、声光色是视听语言最重要的元素，它们是构成画面信息的主要成分，影视特效处理这些视听元素的原则是复原它们相互间的整体关系，不论是虚拟生成，还是抠像生成，都应结合所处场景的环境光线情况，统一影调、色彩，恢复质感，才能达到逼真的效果。这一点做不好，会让观众察觉到哪些是影视特效的结果，从而产生渐离感。

1.4　Adobe After Effects 软件

Adobe After Effects 简称 AE，是 Adobe 公司推出的一款图形视频处理软件，适用于从事设计和视频特技的机构，包括电视台、动画制作公司、个人后期制作工作室以及多媒体工作室。其主要功能如下：

1. 图形视频处理

Adobe After Effects 软件可以帮助用户高效且精确地创建无数种引人注目的动态图形和震撼人心的视觉效果。利用与其他 Adobe 软件无与伦比的紧密集成和高度灵活的 2D 和 3D 合成，以及数百种预设的效果和动画，为电影、视频、DVD 和 Flash 作品增添了令人耳目一新的效果。

2．强大的路径功能

就像在纸上画草图一样，使用 Motion Sketch 可以轻松绘制动画路径，或者加入动画模糊。

3．强大的特技控制

After Effects 使用多达几百种的插件修饰增强图像效果和动画控制。可以同其他 Adobe 软件和三维软件结合，After Effects 在导入 Photoshop 和 Illustrator 文件时，保留层信息。高质量的视频 After Effects 支持从 4 像素 ×4 像素到 30 000 像素 ×30 000 像素分辨率，包括高清晰度电视（HDTV）。

4．多层剪辑

无限层电影和静态画术使 After Effects 可以实现电影和静态画面无缝合成。

5．高效的关键帧编辑

After Effects 中，关键帧支持具有所有层属性的动画，After Effects 可以自动处理关键帧之间的变化。

6．无与伦比的准确性

After Effects 可以精确到一个像素点的千分之六，可以准确地定位动画。

7．高效的渲染效果

After Effects 可以执行一个合成在不同尺寸大小上的多种渲染，或者执行一组任何数量的不同合成的渲染。

1.5 After Effects 的工作流程

After Effects 的工作流程主要分为：创建项目和导入素材、组织素材；创建合成和排列图层；添加关键帧动画和特效；预览合成效果；渲染并输出最终作品等步骤。

单击"文件"→"导入"→"文件"菜单命令，或者在"项目"窗口空白处双击，都会打开一个"导入文件"对话框，把素材导入到 After Effects 中。但是由于素材种类繁多，包括视频文件、音频文件、图像文件、带 Alpha 通道的图像文件、PSD 文件及图像序列文件，导入时的选项也有所区别，下面针对几种比较特殊的素材逐一解释说明。

1．导入带有 Alpha 通道的素材

有些文件格式（如 TGA、TIFF 等）可能包含 Alpha 通道，导入这些带有 Alpha 通道的文件时，会弹出"解释素材"对话框，如图 1-9 所示。

■ 图 1-9 "解释素材"对话框

一般情况下,单击"猜测"按钮,软件会自动检测 Alpha 通道的类型。

2. PSD 文件导入

Photoshop 生成的 PSD 文件是 After Effects 中比较常用的图像文件,PSD 文件被广泛应用,主要由于其具有如下优点:支持分层、支持透明信息。

在导入 PSD 文件时,在"导入文件"对话框中,"导入为"下拉列表中有 3 个选项,分别是"素材""合成""合成-保持图层大小"。

当选择"素材"选项时,"解释素材"对话框如图 1-10 所示。

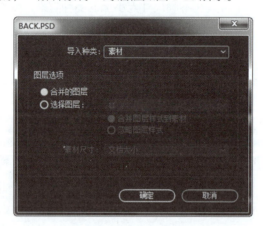

■ 图 1-10 导入种类为"素材"的"解释素材"对话框

当选择"合成"选项时,"解释素材"对话框如图 1-11 所示。

"合成"选项可以将 PSD 文件中的所有图层都导入进来,每个图层都以 PSD 文档大小为标准。如果选择"可编辑的图层样式"单选按钮,可以将 PSD 中的图层样式导入到 After Effects 中继续编辑,如果选择"合并图层样式到素材"单选按钮,则 PSD 中的图层样式导入到 After Effects 中不可继续编辑。

当选择"合成-保持图层大小"选项时,"解释素材"对话框如图 1-12 所示。

■ 图 1-11　导入类型为"合成"的
"解释素材"对话框

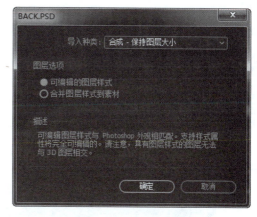

■ 图 1-12　导入类型为"合成-保持图层大小"的
"解释素材"对话框

"合成-保持图层大小"选项可以将 PSD 文件中的所有图层都导入进来,但每个图层都以 PSD 文件中各图层的原始尺寸为标准。如果选择"可编辑的图层样式"单选按钮,可以将 PSD 中的图层样式导入到 After Effects 中继续编辑,如果选择"合并图层样式到素材"单选按钮,则 PSD 中的图层样式导入到 After Effects 中不可继续编辑。

3. 图像序列文件导入

图像序列文件指的是名称连续的文件,它们可以组成一个独立完整的视频,每个文件代表视频中的 1 帧,在 After Effects 中导入图像序列文件时,只需要选择序列中的第 1 个文件,并且勾选"序列"复选框,即可把序列文件作为一个素材导入到项目中,如图 1-13 所示。

■ 图 1-13　导入序列文件

练一练

下面举例说明如何导入各类文件。视频教学请扫二维码。

Step 1 启动 After Effects，按【Ctrl+N】组合键新建一个名为"导入文件"的合成，将 Preset（预置）制式设置为"HDTV"，大小为 720 像素 ×576 像素，影片长度设置为 10 秒，然后单击"确定"按钮，新建文件。

Step 2 在"项目"面板中双击，导入"Logo.tga"文件，在"项目"面板中同时选择所导入的"Logo.tga"素材，在弹出的"解释素材"对话框中单击"猜测"按钮，然后单击"确定"按钮，如图 1-14 所示。

■ 图 1-14 "tga"文件导入

Step 3 在"项目"面板中双击，导入"BACK.PSD"文件，在"项目"面板中同时选择所导入的"BACK.PSD"素材，在"导入文件"对话框的"导入种类"下拉列表中选择"合成"选项，单击"确定"按钮，导入"BACK.PSD"文件，如图 1-15 所示。

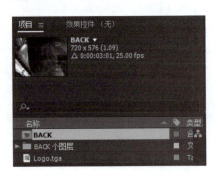

■ 图 1-15 "PSD"文件导入

Step 4 在"项目"面板中双击，导入"dancing_0000.tga"文件，在"项目"面板中同时选择所导入的"dancing_0000.tga"素材，在"导入文件"对话框中勾选"序列"选项，单击"确定"按钮，导入"dancing.tga"序列文件，如图 1-16 所示。

第 1 章 影视特效与合成基础知识

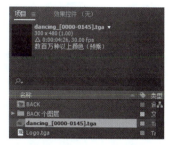

■ 图 1-16 "序列"文件导入

1.6 输出设置

输出是将创建的项目经过不同的处理与加工，转化为影片播放格式的过程。一个影片只有通过不同格式的输出，才能够被用到各种媒介设备上播放，例如，输出为 Windows 通用格式 AVI 压缩视频。用户可以依据要求输出不同分辨率和规格的视频，也就是常说的渲染。

确定制作的影片完成后就可以输出了，单击"合成"→"预渲染"菜单命令，也可以按【Ctrl+M】组合键进行渲染后输出。用户可以通过不同的设置将最终的影片进行存储，以不同的名称、不同的类型进行保存，如图 1-17 所示。

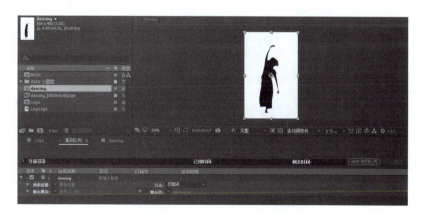

■ 图 1-17 "预渲染"设置

1.7 经典案例

1.7.1 校徽动画

通过校徽动画制作，学习各类文件导入方法以及"基本 3D"特效设置。视频教学请扫二维码。

13

校徽动画

Step 1 启动 After Effects，在"项目"面板中双击，导入"大海.avi"文件，在"项目"面板中同时选择所导入的"视频"素材，将其置入"时间线"面板，此时"时间线"面板状态如图 1-18 所示。

Step 2 在"项目"面板中双击，导入"校徽.png"文件，在"项目"面板中选择所导入的素材，将其置入"时间线"面板，如图 1-19 所示。

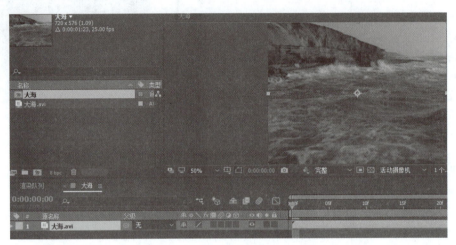

■ 图 1-18　导入"视频"素材

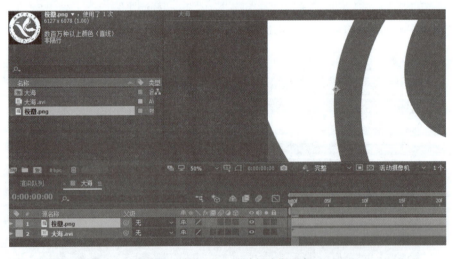

■ 图 1-19　置入"时间线"面板

Step 3 按【S】键，将其"缩放"设置为 4%，缩小置入的"校徽.png"文件，然后移动到相应的位置，如图 1-20 所示。

Step 4 在"项目"面板中选择"校徽.png"并右击，在弹出的快捷菜单中选择"解释素材"→"主要"命令，如图 1-21 所示。

Step 5 在弹出的"解释素材"对话框中，设置"像素长宽比"选项为"D1/DVPAL（1.09）"（见图 1-22），这样导入的校徽素材变为圆形，效果如图 1-23 所示。

第 1 章 影视特效与合成基础知识

■ 图 1-20 "缩放"设置

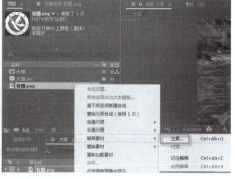

■ 图 1-21 "解释素材"命令

■ 图 1-22 "像素长宽比"选项

■ 图 1-23 校徽素材变为圆形效果

Step 6 单击"效果"→"过时"→"基本 3D"菜单命令,在弹出的"基本 3D"面板中设置"倾斜"值为 −50 度,如图 1-24 所示。

■ 图 1-24 "基本 3D"设置

Step 7 按【P】键展开其"位置"选项,在 0 秒位置单击"位置"左侧的"码表"图标即可生成一个关键帧,设置其关键帧位置为(150,342),在第 1 秒位置设置关键帧位置为(570,203),设置其动画由左向右移动,如图 1-25 所示。

图 1-25　设置关键帧

Step 8 按【S】键,设置"缩放动画",设置第 0 秒"缩放"值为 4,第 1 秒为 1,如图 1-26 所示。

图 1-26　设置"缩放动画"

Step 9 在"时间线"面板中选择"校徽.png"图层,在其上右击,在弹出的快捷菜单中选择"混合模式"→"叠加"命令(见图 1-27),将"校徽.png"图层模式设置为"叠加",效果如图 1-28 所示。

■ 图1-27　图层模式

■ 图1-28　"叠加"效果

Step 10 选择"合成"→"预渲染"命令,打开"渲染队列"浮动面板,在"输出至"项右侧可设置影片文件的输出路径及文件名,单击"渲染"按钮即可开始渲染影片,最终效果如图1-29所示。

■ 图1-29　最终效果

1.7.2　"健康有约"视频合成

通过健康有约合成制作,学习合成方法。视频教学请扫二维码。

Step 1 背景素材合成。启动 After Effects,按【Ctrl+N】组合键新建一个名为"背景"的合成,将 Preset(预置)制式设置为"HDTV",大小为720像素×576像素,影片长度设置为5秒,然后单击"确定"按钮,新建背景合成。按【Ctrl+Y】组合键新建一个纯色层,然后单击"效果"→"生成"→"梯度渐变"菜单命令,如图1-30所示。

"健康有约"
视频合成

Step 2 在"梯度渐变"面板中设置"起始颜色"为黄色;"结束颜色"为绿色;"渐变形状"为"径向渐变",并调整"渐变起点"位置至中心,如图1-31所示。

■ 图 1-30　梯度渐变

■ 图 1-31　径向渐变

Step 3 导入"01.avi"素材，并拖动至背景合成中，然后设置其图层模式为"柔光"，效果如图 1-32 所示。

Step 4 镜头 1 与镜头 2 合成。按【Ctrl+N】组合键新建一个名为"镜头 1"的合成，将 Preset（预置）制式设置为"HDTV"，大小为 720 像素 ×576 像素，影片长度设置为 5 秒，然后单击"确定"按钮，新建合成。将制作好的背景合成拖动至合成中，如图 1-33 所示。

■ 图 1-32　"柔光"图层模式

■ 图 1-33　合成嵌入

Step ❺ 导入"010000.png"序列文件，勾选"PNG 序列"选项，然后将其导入合成中，并调整其大小与位置，效果如图 1-34 所示。

■ 图 1-34　导入序列文件

Step ❻ 用同样的方法制作"镜头 2"合成，效果如图 1-35 所示。

Step ❼ 镜头 3 与镜头 4 合成。按【Ctrl+N】组合键新建一个名为"镜头 3"的合成，将 Preset（预置）制式设置为"HDTV"，大小为 720 像素 ×576 像素，影片长度设置为 5 秒，然后单击"确定"按钮，新建合成。将制作好的背景合成拖动至合成中，导入"010000.png"序列文件，勾选"PNG 序列"复选框，然后将其导入合成中，并调整其大小与位置，效果如图 1-36 所示。

■ 图 1-35　"镜头 2"合成　　　　　　　■ 图 1-36　导入序列文件

Step ❽ 选择工具栏中的"文字"工具输入"关爱生命，健康有约"文字，并复制多个文字，然后单击"效果"→"透视"→"投影"菜单命令，如图 1-37 所示。

■ 图 1-37　投影效果

Step 9 将文字图层复制，然后打开文字图层"3D 图层"开关，选择一个文字图层，按【P】键，打开位置选项，设置其 Z 轴坐标为 800，并调整其图层至导入的序列图层下面，如图 1-38 所示。

图 1-38　置 Z 轴坐标

Step 10 选择一个文字图层，设置一个从左到右的动画，另一个文字图层设置从右到左的动画，如图 1-39 所示。

图 1-39　文字动画

Step 11 按【Ctrl+N】组合键新建一个名为"镜头 4"的合成，将 Preset（预置）制式设置为"HDTV"，大小为 720 像素 ×576 像素，影片长度设置为 5 秒，然后单击"确定"按钮，新建合成。将制作好的背景合成拖动至合成中，导入"010000.png"序列文件，勾选"PNG 序列"复选框，然后将其导入合成中，并调整其大小与位置，效果如图 1-40 所示。

Step 12 Mask 与镜头 5 合成。按【Ctrl+N】组合键新建一个名为"Mask"的合成，将 Preset（预置）制式设置为"HDTV"，大小为 720 像素 ×576 像素，影片长度设置为 5 秒，然后单击"确定"按钮，新建合成。将制作好的背景合成拖动至合成中，然后用"钢笔工具"绘制遮罩，如图 1-41 所示。

Step 13 单击"效果"→"透视"→"投影"菜单命令，添加投影效果，然后复制遮罩图层，展开图层的遮罩属性，勾选"反转"复选框，将遮罩反选。设置"背景"层的位置关键帧动画：第 0 帧，位置为 830，288；第 1 秒，位置为 360，288。设置"背景复制"层的位置关键帧动画：第 0 帧，位置为 -200，288；第 1 秒，位置为 360，288，如图 1-42 所示。

■ 图1-40 导入序列文件

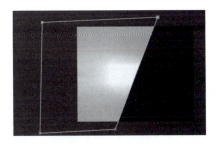
■ 图1-41 绘制遮罩

■ 图1-42 位置关键帧动画

Step 14 按【Ctrl+N】组合键新建一个名为"镜头5"的合成,将Preset(预置)制式设置为"HDTV",大小为720像素×576像素,影片长度设置为5秒,然后单击"确定"按钮,新建合成。将制作好的Mask背景合成拖动至合成中,然合导入"010000.png"序列文件,勾选"PNG序列"复选框,然后将其导入合成中,并调整其大小与位置,效果如图1-43所示。

■ 图1-43 导入序列文件

Step 15 导入"010030.png"图片文件,取消"PNG序列"选项,将时间指针拖动到第1秒位置,将序列图片的出点与时间指针对齐,并将"010030.png"图片拖入时间线中,将图层的入点与时间指针对齐,如图1-44所示。

■ 图1-44 导入图片

Step ⑯ 导入"02.avi"素材,并拖动至背景合成中,然后设置其图层模式为"柔光",并将其入点设置为第 1 秒位置,效果如图 1-45 所示。

Step ⑰ 总合成。按【Ctrl+N】组合键新建一个名为"总合成"的合成,将 Preset(预置)制式设置为"HDTV",大小为 720 像素 × 576 像素,影片长度设置为 20 秒,单击"确定"按钮,新建合成。然后将"镜头 01"到"镜头 05"全部拖入时间线中,依次排列,如图 1-46 所示。

■ 图 1-45　"柔光"图层模式

■ 图 1-46　总合成

Step ⑱ 最终合成效果如图 1-47 所示。

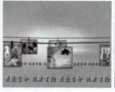

■ 图 1-47　合成效果

第 2 章 After Effects 动画和关键帧

After Effects 最重要的功能就是制作视频动画，该软件可以为一些静态的图形对象添加绚丽的动画效果，也可以在一些视频片段中添加动态的视频效果。为一些静态的图形赋予相应的动画效果比较简单，只要在不同的时间点上添加相应属性的关键帧即可为相应的图形对象添加动画效果。但在视频片段中添加动态的视频效果，除了要对相应的效果进行渲染外，还要对相应的视频片段进行配合。下面介绍一些简单动画的制作方式，并对关键帧的使用进行相应介绍。通过学习本章内容，读者应掌握利用关键帧制作动画，并对动画的速率进行相应调整的方法。

计算机动画是以帧为时间单位进行计算的。读者可以自定义每秒播放多少帧。单位时间内的帧数越多，动画画面就越清晰、流畅；反之，动画画面则会产生抖动和闪烁的现象。一般情况下动画画面每秒至少要播放15帧才可以形成比较流畅的动画效果，传统的电影通常为每秒播放24帧。

在 After Effects 中制作动画时不需要将每一帧都制作出来，而是只需将一个动作开始一帧，和结束时的一帧定义好，此时计算机会自动完成中间的各帧画面。图 2-1 所示为位于 1 和 2 的对象位置是不同帧上的关键帧模型，计算机自动产生中间帧。由用户自定义的画面称为关键帧，关键帧对于编辑计算机动画非常重要，所有三维动画的编辑和修改都是基于关键帧进行的。

■ 图 2-1　各帧画面

2.1 使用基本属性制作动画

在 After Effects 中每一个图层都包含"位置""缩放""旋转""透明度""锚点"5 个基本属性,如图 2-2 所示。下面介绍利用这 5 个基本属性制作动画的简单方法。

■ 图 2-2 变换

1. 位置动画

所谓位置动画就是让图层对象按照相应的轨迹进行移动,当要对图层对象进行移动动画的制作时,要使用该图层的"位置"属性。

2. 缩放动画

制作缩放动画除了可以表现图层对象的尺寸变化外,还可以在 2D 图层中表现出远近的变化。

3. 旋转动画

旋转动画除了可以定义旋转的角度外,还可以定义图层对象的旋转圈数。

4. 透明度动画

制作透明度动画,可以实现淡入和淡出的效果,当制作一个淡入和淡出的效果时,只用两个关键帧无法实现,而需要 4 个关键帧。

5. 锚点动画

当简单调整图层的锚点时,虽然会出现图层位置的变化,但是绝对不能采用这种方法制作位移的动画。通过调整定位点虽然不能直接完成一些动画的制作,但是通过配合其他属性动画,即可快速完成一些复杂的动画效果,例如,利用锚点和旋转动画可以十分容易地制作出离心旋转的动画效果。

2.2 关键帧的基本操作

在一个视频动画中,关键帧是制作动画的关键,所有帧的画面都是按照关键帧的属性进行自动填补的,所以在制作动画时只需要定义关键帧的内容和关键帧之间的普通帧的填补方式,即可完成整个视频的制作。

2.2.1 动画开关

After Effects 中大多数参数都可以设置动画,这些可以设置动画的参数前面都有一个动画开关,又称码表。码表未打开时显示为按钮,打开时显示为状态。当打开码表后,在时间线相对应的时间点上就会出现一个关键帧标记,表示启用了关键帧。当打开了码表,并在不同的时间位置上创建了关键帧后,无论该关键帧是软件自动创建的,还是用户自行添加的,只要再次单击按钮,即可删除所有关键帧,此时相应属性的动画效果也会随之消失。

2.2.2 添加关键帧

在添加关键帧之后,在关键帧和关键帧之间软件会自动添加普通的帧画面。添加关键帧的具体操作步骤如下。

Step 1 在"时间线"面板中展开相应图层对象的属性,找到要添加关键帧的属性。

Step 2 将时间滑块移动到要添加关键帧的位置,然后在该属性中单击按钮,此时动画开关显示为如图 2-3 所示状态,软件会自动添加 1 个关键帧。

■ 图 2-3　添加关键帧

Step 3 将时间滑块移动到要添加下一个关键帧的位置,然后单击按钮添加关键帧,此时该按钮将切换为状态,软件会在该时间点上添加一个与上一个关键帧属性相同的关键帧,如图 2-4 所示。

■ 图 2-4　添加关键帧

2.2.3 删除关键帧

在自动添加关键帧时,相应图层动画并不会发生任何变化,当要删除一个关键帧时,就很有可能对相应的动画造成影响。例如制作了一个用 3 个关键点控制的三角形位置动画,如图 2-5 所示,如果要将中间的关键帧删除,动画就会变为具有两个关键点的直线动画,如图 2-6 所示。

删除关键帧的方法很多,最简单的方法为选中要删除的单个或多个关键帧,然后按【Delete】键,即可将选中的单个或多个关键帧删除。如果要删除一个属性的所有关键帧,在时间线中单击按钮即可。

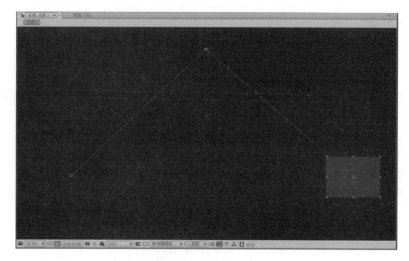

■ 图 2-5 三角形位置动画

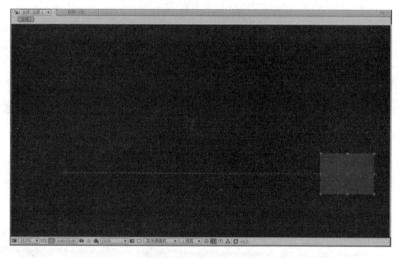

■ 图 2-6 关键帧删除

2.2.4 关键帧导航

当时间线中有多个关键帧时，设置关键帧参数时，往往需要在这些关键帧之间频繁移动。为了便于操作，可以通过关键帧导航器来准确选中所需的关键帧。关键帧导航器位于时间线左侧，如图 2-7 所示，在关键帧导航器中单击"前一个"按钮，可以跳转到前一个关键帧，单击"后一个"按钮，可以跳转到后一个关键帧。

■ 图 2-7 关键帧导航器

2.2.5 选择关键帧

在制作视频动画的过程中,当要对一个关键帧进行各种编辑操作时,首先要选中相应的关键帧,After Effects 提供了多种选择关键帧的方法。

1. 选择单个关键帧

选择单个关键帧的方法很简单,只要选择工具栏中的 ▶ 选择工具,然后在"时间线"面板中直接单击相应的关键帧即可。

2. 选择多个关键帧

当要选择一个属性的所有关键帧时,可以直接在时间线中单击该属性的名称;当要同时选择多个属性的关键帧时,可以在"时间线"面板左侧将相应属性的名称框选起来即可。

2.2.6 移动关键帧

移动关键帧的具体步骤如下。

Step 1 在时间线中选中要调整时间位置的关键帧。

Step 2 直接用鼠标拖动该关键帧到相应的时间点,此时该关键帧的相应时间点和属性会显示在鼠标指针的下面,如图 2-8 所示。

■ 图 2-8　属性显示

2.2.7 复制和粘贴关键帧

After Effects 在合成制作时,有时有很多需要重复设置的参数,此时经常会用到关键帧的复制和粘贴。关键帧的复制和粘贴,可以在图层的同一参数的不同时间点上进行,也可以在不同图层上进行。对于不同属性的参数,如果其类型不同,也可以进行关键帧的复制和粘贴。例如,定位点和位置之间,虽然参数的属性不同,但都是一个二维数组,参数值可以相互复制和粘贴。

同时选择多个属性的不同关键帧时,也可以进行复制和粘贴。例如,选择第 1 个图层的定位点、位置和比例 3 个属性的多个关键帧,按【Ctrl+C】组合键复制,然后在第 2 个图层上将定位点、位置和比例 3 个属性选中,再确定好目标时间,按【Ctrl+V】组合键粘贴,此时这几个属性的关键帧将同时粘贴到该图层上。

2.3 控制关键帧

当在一个动画效果中确定了关键帧的属性后,关键帧之间的普通帧的属性将由软件自动调整。

在默认情况下，关键帧之间的普通帧的变化是线性的，但是在真实的物理现象中，基本上很少有绝对线性的运动，例如，再好的跑车也是从静止慢慢进行加速，不可能实现绝对线性的加速。所以 After Effects 中制作一些模拟现实情况的动画时，就要对关键帧之间的普通帧的变化进行控制，否则制作的动画效果会比较生硬。下面将具体讲解对普通帧进行控制的方法。

2.3.1 调整关键帧插值

当确定好关键帧后，可以通过控制运动的路径或时间的速率对关键帧之间软件自行添加的普通帧进行相应的干预。当要对一个关键帧附近的普通帧进行调整时，需要选中该关键帧，然后选择"动画"→"关键帧插值"命令，此时会弹出图 2-9 所示的对话框。

2.3.2 贝塞尔曲线

在 After Effects 软件中控制运动路径的方式有两种，一种是简单的直线路径；另一种是贝塞尔曲线路径。贝塞尔曲线可以控制相应图层对象的运动轨迹、关键帧属性变化的速率，还可以绘制或修改矢量的图形形态。贝塞尔曲线由节点和控制柄两部分组成，如图 2-10 所示。

■ 图 2-9　"关键帧插值"对话框

■ 图 2-10　节点和控制柄

2.4　图形编辑器

"图形编辑器"以图表的形式显示了所用效果和动画的情况，如图 2-11 所示。利用"图形编辑器"可以很方便地查看和操作属性值、关键帧、关键帧插值、速率等信息和设置。

■ 图 2-11　图形编辑器

练一练

下面举例说明如何使用"图形编辑器"调整动画速度。视频教学请扫二维码。

图形编辑器

Step 1 启动 After Effects，在"项目"窗口中双击，导入素材中的 run.avi 视频文件至"项目"窗口，然后将导入的素材拖动到"时间线"面板中，如图 2-12 所示。

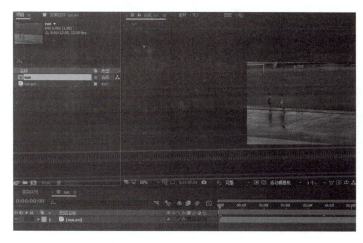

■ 图 2-12 "时间线"面板

Step 2 选取 run.avi 图层，选择"效果"→"时间"→"时间扭曲"命令，给图层添加时间扭曲特效，如图 2-13 所示。

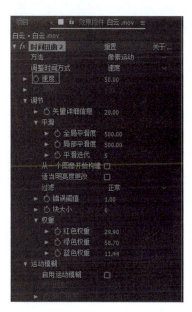

■ 图 2-13 时间扭曲特效

Step 3 设置时间扭曲"速度"动画关键帧动画：在第 0 秒时，设置其"速度"值为 300，加速度运动；在第 2 秒 15 帧时，设置其"速度"值为 20，减速运动；在第 6 秒 15 帧时，设置其"速度"值为 –100，开始倒片，在第 8 秒 15 帧时，设置其"速度"值为 0，开始静帧，在第 10 秒时，设置其"速度"值为 100，开始以正常速度运动，如图 2-14 所示。

■ 图 2-14　时间扭曲

Step 4 按空格键播放动画，会发现并不是骤然改变影片速度，而是在每一个关键帧间渐变。单击"图形编辑器"按钮 ，看到线形显示的结果如图 2-15 所示。

■ 图 2-15　图形编辑器

Step 5 选取所有关键帧，单击 按钮，线形变成了梯形，表示速度骤然改变，这才是想要的结果，如图 2-16 所示。

■ 图 2-16　线形调整

2.5　经典案例

2.5.1　音乐无限动画

通过音乐无限动画制作，学习如何使用"基本属性"制作动画。视频教学请扫二维码。

Step 1 启动 After Effects，按【Ctrl+N】组合键新建一个名为"音乐无限"的合成，将"预设"制式设置为"PAL D1/DV"，大小为 720 像素 × 576 像素，影片长度设置为 6 秒，设置如图 2-17 所示，然后单击"确定"按钮。

第 2 章　After Effects 动画和关键帧

■ 图 2-17　合成设置

Step 2 在"项目"面板中双击,导入素材中"背景 1.mpg"和"背景 2.mpg"文件,在"项目"面板中同时选择所导入的 2 个素材,按【Ctrl+/】组合键将其置入"时间线"面板,此时"时间线"面板的状态如图 2-18 所示。

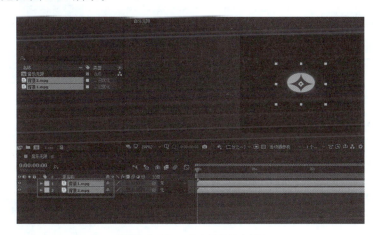

■ 图 2-18　"时间线"面板

小技巧:在"项目"面板中选择素材后,按【Ctrl+/】组合键可快捷地将该素材置入"合成"窗口中,也可以将其直接拖动到"时间线"面板中。

Step 3 回到"合成"窗口,发现导入的素材没有完全充满合成窗口,在"时间线"面板中同时选择所导入的 2 个素材,按【Ctrl+Alt+F】组合键,将导入素材充满合成窗口,效果如图 2-19 所示。

提示:在"时间线"面板中选取多个图层,按住【Ctrl】键,然后单击需选取的图层,即可选取多个所需的图层。

Step 4 在"时间线"面板中选择"背景 1"图层,在其上右击,在弹出的快捷菜单中选择"混合模式"→"屏幕"命令,将"背景 1"图层模式设置为"屏幕",效果如图 2-20 所示。

■ 图 2-19　导入素材

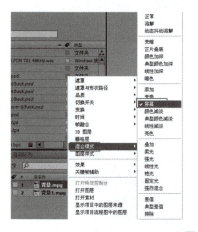 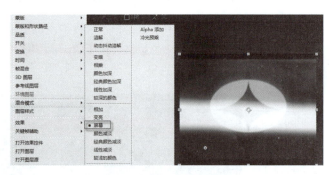

■ 图 2-20　"屏幕"图层模式

提示：如果"时间线"面板中的模式栏没有显示，可单击"时间线"面板左下部的"显示/隐藏图层栏"按钮，将其显示。

Step 5 设置文字与直线的动画。在"项目"面板中双击，导入"文字与直线.psd"素材文件，在弹出的导入对话框中，选取"合成"项导入，如图 2-21 所示。

Step 6 导入"文字与直线.psd"文件分层图像后，在"项目"面板中会出现"文字与直线"的素材图标，将"文字与直线"文件导入"时间线"面板中，选取时间线面板中"3/文字与直线"图层，按【P】键展开其"位置"选项，在 0 秒位置单击"位置"左边的"码表"图标即可生成一个关键帧，设置其关键帧位置为（-300，288），在第 1 秒位置设置关键帧位置为（300，288），设置其动画由左向右移动，如图 2-22 所示。

■ 图 2-21　导入"文字与直线"素材

Step 7 选取"时间线"面板中"2/文字与直线"图层，将其向后移动到 1 秒的位置，然后按前面的方法设置位置的关键帧，设置第 1 秒位置为（360，800），第 6 秒位置为（360，240），设置其动画由下向上移动，如图 2-23 所示。

■ 图 2-22 设置关键帧动画（一）

■ 图 2-23 设置关键帧动画（二）

Step 8 按前面的方法设置"1/文字与直线"图层"位置"关键帧，设置第 0 秒位置为（360，−300），第 1 秒位置为（360，300），设置其动画由上向下移动，如图 2-24 所示。

■ 图 2-24 设置关键帧动画（三）

Step 9 设置影视动画文件的不透明度关键帧动画。在"项目"面板中双击，导入 3 个影视动画文件素材，并将它们置入"时间线"面板，按【S】键，将其"缩放"设置为 50%，缩小置入的视频文件，然后移动到相应的位置，如图 2-25 所示。

■ 图 2-25 "缩放"设置

33

Step 10 选取"时间线"面板中的"Reel.mpg"图层,将其向后移动到 1 秒的位置,然后按【T】键展开其"不透明度"选项,设置第 1 秒"不透明度"值为 0%,第 2 秒为 100%,如图 2-26 所示。

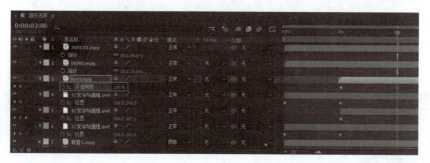

■ 图 2-26　"不透明度"动画设置

Step 11 用同样的方法分别设置其他 2 个影视动画文件的不透明度,效果如图 2-27 所示。

■ 图 2-27　"不透明度"动画设置

Step 12 在"项目"面板中双击,导入"校徽.psd"素材文件,在弹出的导入对话框中,选取"合成"项导入,然后导入"校徽.psd"文件分层图像后,在"项目"面板中会出现"校徽"的素材图标,将"校徽"文件导入"时间线"面板中,按【R】键,设置"旋转"动画,设置第 0 秒"旋转"值为 0×+0.0,第 6 秒为 3×+0.0,如图 2-28 所示。

■ 图 2-28　设置"旋转"动画

Step 13 设置文字的动画。在工具栏中单击"横排文字工具",在合成窗口中单击出现文字输入光标,使用键盘输入"音乐无限"文字,选择所输入的文字,按【S】键,设置"缩放动画",设置第 0 秒"缩放"值为 0,第 1 秒为 800,第 4 秒为 100,如图 2-29 所示。

■ 图 2-29 "缩放"设置

Step 14 给动画配音乐。在"项目"面板中双击,导入素材中的音频文件,并将其拖到"时间线"面板最下面,如图 2-30 所示。在数字小键盘上按下 0 数字键进行预览计算。

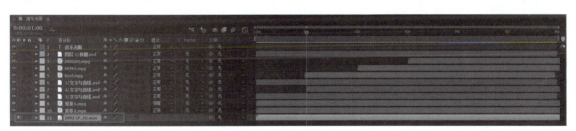

■ 图 2-30 "时间线"面板

提示:进行预览计算时,在"时间线"面板上有一个动态的绿色细条,它表示预览计算的进度。计算机的运算速度越快,此过程完成的时间越短。如果动画中调用了多个图层和特效,则预览计算就需要较长的时间。已经计算完成的画面会存储到内存中,这样,播放预览动画时画面就会很流畅。

Step 15 选择"影像合成"→"制作影片"命令,打开"渲染队列"浮动面板,在"输出至"项右侧可设置影片文件的输出路径及文件名,单击"渲染"按钮即可开始渲染影片,最终效果如图 2-31 所示。

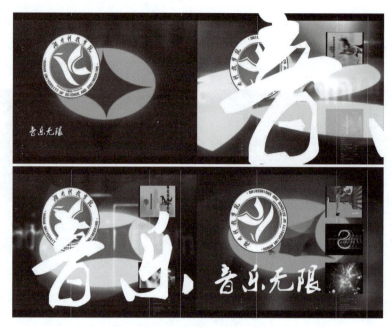

■ 图 2-31　最终效果

2.5.2　金鱼动画

金鱼摆尾动画

金鱼游动动画

通过学习金鱼关键帧动画，掌握关键帧设置方法。视频教学请扫二维码。

Step 1 在"项目"面板上双击，导入"蝶尾金鱼.psd"文件，在"项目"面板中同时选择所导入的"蝶尾金鱼.psd"素材，在弹出的导入对话框中，选取"合成"项导入，然后导入"蝶尾金鱼.psd"文件分层图像，将"蝶尾金鱼.psd"文件导入"时间线"面板上，如图2-32所示。

■ 图 2-32　导入素材

Step 2 按【S】键,将其"缩放"设置为 20%,缩小置入的素材文件,然后移动到相应的位置,如图 2-33 所示。

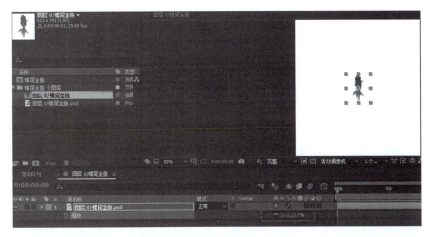

■ 图 2-33 缩放设置

Step 3 选择工具栏中的"操控点工具",在合成窗口中金鱼的头部、身体及尾部处单击 3 个控制点,如图 2-34 所示。

Step 4 选择工具栏中的"选择工具",把金鱼尾部的控制点向左移动,使金鱼尾部呈现向左摆动的效果,如图 2-35 所示。

Step 5 在"时间线"窗口中,把时间指示移动至 1 秒位置,然后把金鱼尾部的控制点向右移动,使金鱼尾部呈现向右摆动的效果,如图 2-36 所示。

■ 图 2-34 添加操控点　　■ 图 2-35 调整控制点(一)　　■ 图 2-36 调整控制点(二)

Step 6 展开"蝶尾金鱼.psd"图层下面的参数,找到金鱼尾部的控制点,这里是"操控点 3",按住【Alt】键,单击"位置"前的秒表,在输入栏中输入 loopOut(type = "pingpong", numKeyframes = 0)"语句,制作循环金鱼摆尾动画,如图 2-37 所示。

■ 图 2-37 输入表达式

Step 7 制作金鱼游动动画。选择金鱼,按【P】键,在 0 秒位置单击"位置"左边的"码表"图标即可生成一个关键帧,设置其关键帧位置为(88, 577);在第 1 秒位置设置关键帧位置为(300, 350);在第 3 秒位置设置关键帧位置为(532, 181);在第 4 秒位置设置关键帧位置为(546, 450);在第 5 秒位置设置关键帧位置为(538, 570),如图 2-38 所示。

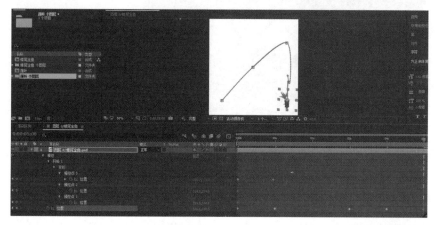

图 2-38　关键帧动画

Step 8 单击"图层"→"变换"→"自动定向"菜单命令,在弹出的"自动定向"对话框中勾选"沿路径定向"选项,如图 2-39 所示。

Step 9 选择金鱼图层,按【R】键,旋转角度,调整金鱼方向,沿路径运动,如图 2-40 所示。

Step 10 在"项目"面板中双击,导入"莲叶.psd"文件,在"项目"面板中同时选择所导入的"莲叶.psd"素材,在弹出的导入对话框中,选取"合成"项导入,然后导入"莲叶.psd"文件分层图像,将"莲叶.psd"文件导入"时间线"面板中,如图 2-41 所示。

图 2-39　自动定向

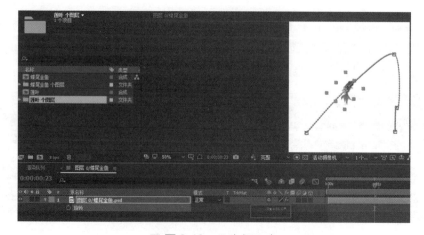

图 2-40　沿路径运动

Step 11 按【S】键,调整"莲叶.psd"图层的大小与位置,如图 2-42 所示。

■ 图 2-41　导入素材

■ 图 2-42　效果图

第3章 遮罩与遮罩动画

遮罩就是通过遮罩层中的图形或轮廓对象，透出下面图层中的内容。

一般来说，遮罩需要有两个层，而在 After Effects 软件中，可以将遮罩绘制在原始素材层上，通过绘制轮廓制作遮罩，遮罩层的轮廓形状决定最终结果的图像形状，而原始素材决定得到的内容。

遮罩动画可以理解为一个人拿着望远镜眺望远方，在眺望时不停地移动望远镜，通过望远镜，眼睛所看到的内容就会有不同的变化，这样就形成了遮罩动画；当然，也可理解为，望远镜静止不动，而画面在移动，即被遮罩层不停运动，以此来产生遮罩动画效果。

3.1 创建遮罩

遮罩主要用来制作背景的镂空透明和图像间的平滑过渡等，遮罩有多种形状，可以利用相关的遮罩工具来创建，如矩形、圆形、自由形状等。

3.1.1 创建矩形遮罩

矩形遮罩创建很简单，在 After Effects 软件中自带有矩形遮罩的创建工具，其创建方法如下。

首先选择需要绘制遮罩的素材图层，再单击工具栏中的"矩形工具"，在"合成"窗口中，单击并拖动鼠标绘制矩形遮罩，如图 3-1 所示。

提示：选择创建遮罩的层，然后双击工具栏中的"矩形工具"，可以快速创建一个与层素材大小相同的矩形遮罩。在绘制矩形遮罩时，如果按住【Shift】键，可以创建一个正方形。

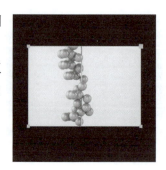

图 3-1　绘制矩形遮罩

3.1.2 创建自由遮罩

要想随意创建多边形遮罩,就要用到"钢笔工具",它不但可以创建封闭的遮罩,还可以创建开放的遮罩。利用"钢笔工具"的好处在于,它的灵活性更高,不仅可以绘制直线,也可以绘制曲线;不仅可以绘制直角多边形,也可以绘制弯曲的任意形状。

◎ 练一练

使用"钢笔工具"创建自由遮罩的过程如下。视频教学请扫二维码。

Step 1 选择需要绘制遮罩的素材层,单击工具栏中的"钢笔工具"。

Step 2 在"合成"窗口中,单击创建第 1 点,然后直接单击可以创建第 2 点,如果连续单击下去,可以创建一个直线的遮罩轮廓。

钢笔工具

如果按下鼠标并拖动,即可绘制一个曲线点,以创建曲线,多次创建后,可以创建一个弯曲的曲线轮廓,当然,直线和曲线是可以混合应用的。

如果想绘制开放的遮罩,可以在绘制到需要的程度后,按住【Ctrl】键的同时在合成窗口中单击,即可结束绘制。

如果要绘制一个封闭的轮廓,则可以将光标移动到开始点的位置,当光标变成 形状时单击,即可将路径封闭。图 3-2 所示为多次单击后创建区域的轮廓。

■ 图 3-2 路径封闭

下面举例说明如何创建遮罩。视频教学请扫二维码。

Step 1 启动 After Effects,按【Ctrl+N】组合键新建一个名为"变色动画"的合成,将 Preset(预置)制式设置为"HDTV",大小为 1 920 像素 × 1 080 像素,影片长度设置为 20 秒,设置如图 3-3 所示,然后单击"确定"按钮。

Step 2 在"项目"面板中双击,导入"中国上海 .mp4"文件,在"项目"面板中同时选择所导入的"中国上海 .mp4"素材,将其置入"时间线"面板,如图 3-4 所示。

创建遮罩
——变色动画

Step 3 在"时间线"面板中,选择"中国上海 .mp4"图层,按【Ctrl+D】组合键复制该层,如图 3-5 所示。然后单击"效果"→"颜色校正"→"黑色和白色"菜单命令,将其进行黑白处理。

■ 图 3-3 新建合成

■ 图 3-4 导入素材

■ 图 3-5 黑白处理

Step 4 选择"圆角矩形工具"绘制圆角矩形遮罩，在"中国上海 .mp4"图层中绘制圆角矩形遮罩，如图 3-6 所示。

Step 5 设置圆角矩形遮罩，将时间移动到 0 帧位置，在"时间"面板中展开"蒙版 1"选项，打开"蒙版路径"选项前面的码表，并将圆角矩形遮罩移至左顶上角处，插入关键帧；将时间移动到 1 秒帧位置，使将圆角矩形遮罩移至中心位置，如图 3-7 所示。

■ 图 3-6 绘制圆角矩形遮罩

■ 图 3-7 遮罩动画

Step 6 将时间移动到 1 秒帧位置，设置"蒙版扩展"值为 −44 像素，2 秒帧位置设置"蒙版扩展"值为 785 像素，如图 3-8 所示。

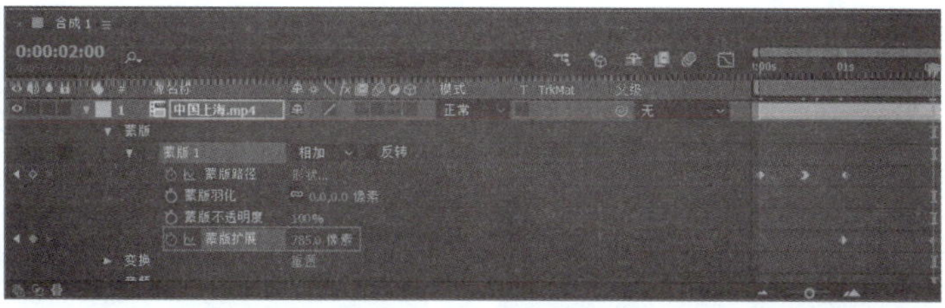

第 3 章 遮罩与遮罩动画

■ 图 3-8 蒙版扩展动画

Step 7 使用同样的方法设置其他视频动画,效果如图 3-9 所示。

■ 图 3-9 效果图

3.2 遮罩形状的修改

当所创建的遮罩不能一步到位,还需要对现有遮罩进行再修改,进而满足图像轮廓要求时,就需要对遮罩进行修改。

3.2.1 节点的移动

移动节点,其实就是修改遮罩的形状,通过选择不同的点并移动,可以将矩形改变成不规则矩形。移动节点的操作方法如下。

选择一个或多个需要移动的节点。

使用"选择工具"拖动节点到其他位置,其操作过程如图 3-10 所示。

■ 图 3-10　拖动节点

3.2.2　节点的转换

节点分两种，一种是角点，点两侧的都是直线，没有弯曲角度。一种为贝塞尔点，点的两侧有两个控制柄，可以控制曲线的弯曲角度和弯曲距离。

通过工具栏中的"转换点工具"，可以将角点和贝塞尔点进行快速转换，转换的操作如下。

使用工具栏中的"转换顶点工具"，单击节点并拖动鼠标，即可将角点转换为贝塞尔点，如图 3-11 所示。

■ 图 3-11　将角点转换为贝塞尔点

练一练

"节点"转换

下面举例说明如何使用"节点"的转换。视频教学请扫二维码。

Step 1 启动 After Effects，在"项目"面板中双击，导入"前景 .jpg"文件，在"项目"面板中同时选择所导入的"前景"素材，将其置入"时间线"面板，此时"时间线"面板的状态如图 3-12 所示。

Step 2 选择"前景"图层，选择工具栏中的"钢笔工具"，在图层周围绘制一个遮罩，如图 3-13 所示。

■ 图 3-12　"时间线"面板　　　　　　　　　■ 图 3-13　绘制遮罩

Step 3 在"时间"面板中展开"蒙版1"选项,勾选"反转"选项,如图3-14所示。

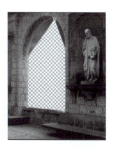

图3-14 反转遮罩

Step 4 使用工具栏中的"转换顶点工具",单击遮罩顶点的节点并拖动鼠标,将角点转换为贝塞尔点,如图3-15所示。

Step 5 导入"BG.jpg"文件,在"项目"面板中同时选择所导入的"BG.jpg"素材,将其置入"时间线"面板,并将其调整至"前景.jpg"图层下面,效果如图3-16所示。

图3-15 将角点转换为贝塞尔点

图3-16 调整素材

3.3 遮罩属性修改

遮罩属性主要包括遮罩的混合模式、锁定、羽化、不透明度、遮罩区域和收缩等。

3.3.1 遮罩属性

绘制遮罩形状后,在"时间"面板中展开该层的列表选项,将看到多出一个"遮罩"属性,展开该属性,可以看到遮罩的相关参数设置选项,如图3-17所示。

图3-17 展开遮罩属性

其中，在"遮罩1"右侧的下拉菜单中，显示了遮罩混合模式选项，如图3-18所示。

■ 图 3-18　遮罩混合模式选项

1．无

选择"无"模式，路径不起遮罩作用，只作为路径存在，可以对路径进行描边、光线动画或路径动画的辅助，如图3-19所示。

2．相加

默认情况下，遮罩使用的是"相加"模式，如果绘制的遮罩中，有两个或两个以上的图形，可以清楚地看到两个遮罩以相加的形式显示效果，如图3-20所示。

■ 图 3-19　选择"无"模式　　　　　　　■ 图 3-20　选择"相加"模式

3．相减

如果选择"相减"模式，遮罩的显示将变成镂空的效果，这与选择"遮罩1"右侧"反相"命令相同，如图3-21所示。

4．交集

如果两个遮罩选择"交集"模式，则两个遮罩将产生相交显示的效果，如图3-22所示。

■ 图 3-21　选择"相减"模式　　　　　　　■ 图 3-22　选择"交集"模式

5. 变亮

"变亮"对于可视区域来说,与"相加"模式相同,但对于重叠处,则采用不透明度较高的那个值。

6. 变暗

"变暗"对于可视区域来说,与"相加"模式相同,但对于重叠处,则采用不透明度较低的那个值。

3.3.2 遮罩的锁定

为了避免操作出现失误,可以将遮罩锁定,锁定后的遮罩将不能被修改,锁定遮罩的操作方法如下。

在"时间线"面板中,将遮罩属性列表选项展开。单击锁定的遮罩层左面的█图标,该图标将变成带有一把锁的效果🔒,如图 3-23 所示,表示该遮罩被锁定。

图 3-23　锁定遮罩

练一练

下面举例说明如何使用遮罩属性修改。视频教学请扫二维码。

Step 1 启动 After Effects,在"项目"面板中双击,导入"视频 .mp4"文件,在"项目"面板中同时选择所导入的"视频"素材,将其置入"时间线"面板,此时"时间线"面板的状态如图 3-24 所示。

游戏场景——
遮罩属性修改

图 3-24　"时间线"面板

Step 2 单击"图层"→"新建"→"纯色"菜单命令,在弹出的"纯色设置"面板中设置固态层 RGB 颜色为(14,239,163),如图 3-25 所示,将固态层设置为背景。

■ 图 3-25　设置背景

Step 3 选择新建的纯色层，选择工具栏中的"椭圆工具"，在图层周围绘制一个椭圆遮罩，如图 3-26 所示。

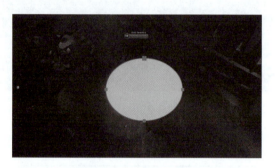

■ 图 3-26　绘制椭圆遮罩

Step 4 在"时间"面板中选择"蒙版 1"，按【Ctrl+D】组合键复制"蒙版 1"为"蒙版 2"，设置"蒙版 2"遮罩的混合模式为"相减"，并设置"蒙版扩展"值为 –8，如图 3-27 所示。

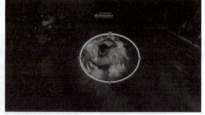

■ 图 3-27　遮罩"相减"

Step 5 设置"蒙版 2"遮罩的"蒙版羽化"值为 60，如图 3-28 所示。

Step 6 选择新建纯色层，单击"图层"→"预合成"菜单命令，在弹出的"预合成"面板中选择"将所有属性移动到新合成"选项，然后在"时间"面板中将该层移动至 20 帧位置，如图 3-29 所示。

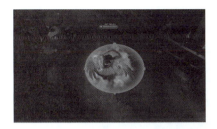

■ 图 3-28　蒙版羽化

■ 图 3-29　预合成

Step 7 设置纯色层"缩放"动画，按【S】键，设置"缩放"动画，在"时间线"面板中将时间移动到 1 秒帧位置，设置"缩放"值为 200，时间移动到 2 秒帧位置，设置"缩放"值为 600，如图 3-30 所示。

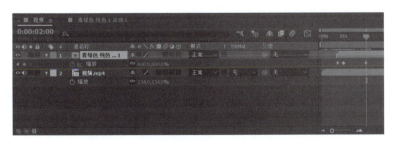

■ 图 3-30　"缩放"动画

Step 8 设置纯色层"不透明度"动画，按【T】键，设置"缩放"动画，在"时间线"面板中将时间移动到 1 秒帧位置，设置"不透明度"值为 50，将时间移动到 2 秒帧位置，设置"不透明度"值为 0，效果如图 3-31 所示。

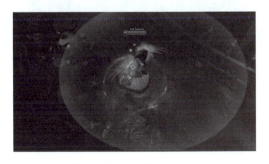

■ 图 3-31　"不透明度"动画

Step 9 复制纯色图层,并将其复制层移动到图 3-32 所示位置,效果如图 3-33 所示。

■ 图 3-32 复制纯色图层

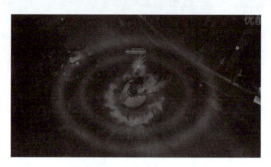

■ 图 3-33 效果图

3.4 经典案例

3.4.1 水果遮罩动画

本案例使用蒙版工具绘制遮罩,并设置遮罩动画。视频教学请扫二维码。

Step 1 启动 After Effects,按【Ctrl+N】组合键新建一个名为"水果遮罩动画"的合成,将 Preset(预置)制式设置为"PAL D1/DV",大小为 720 像素 ×576 像素,影片长度设置为 2 秒,设置如图 3-34 所示,然后单击"确定"按钮。

■ 图 3-34 新建合成

Step 2 单击"图层"→"新建"→"纯色"菜单命令,在弹出的"纯色设置"面板中设置固态层 RGB 颜色为(30,90,145),如图 3-35 所示,将固态层设置为背景。

■ 图 3-35　纯色设置

Step 3 在"项目"面板中双击,导入"MASK-1.tga"和"水果.bmp"文件,在"项目"面板中同时选择所导入的 2 个素材,将其置入"时间线"面板,此时"时间线"面板的状态如图 3-36 所示。

■ 图 3-36　"时间线"面板

Step 4 选择"MASK-1.tga"图层,选择工具栏中的"钢笔工具",在图层周围绘制一个遮罩,不必太精确,只需要在黑色周围即可,如图 3-37 所示。

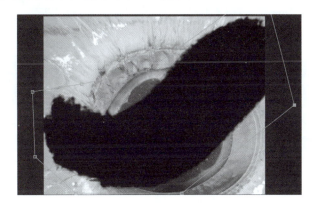

■ 图 3-37　绘制遮罩

Step 5 制作遮罩从上到下划出的动画，将时间移动到 17 帧位置，在"时间线"面板中展开"蒙版 1"选项，打开"蒙版路径"选项前面的码表，插入关键帧；将时间移动到 0 秒帧位置，使用"选择工具"框选遮罩下方的几个点，并将其移动到屏幕以外，使黑色部分全部消失，如图 3-38 所示。

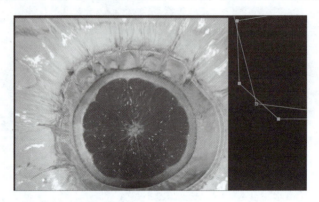

■ 图 3-38 "蒙版路径"关键帧

Step 6 对边缘进行羽化处理，在"时间"面板中展开"蒙版 1"选项，设置"蒙版羽化"选项，设置羽化值为 100，如图 3-39 所示。

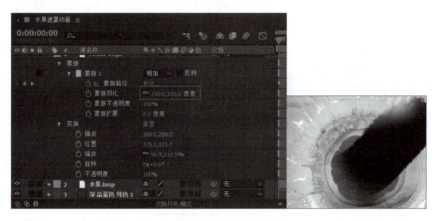

■ 图 3-39 设置羽化值

Step 7 选择"水果.bmp"图层，在"轨道蒙版"项中设置"无"为"Alpha 遮罩 MASK-1.tga"，如图 3-40 所示。

■ 图 3-40 "轨道蒙版"设置

Step 8 水果遮罩动画效果如图 3-41 所示。

第 3 章 遮罩与遮罩动画

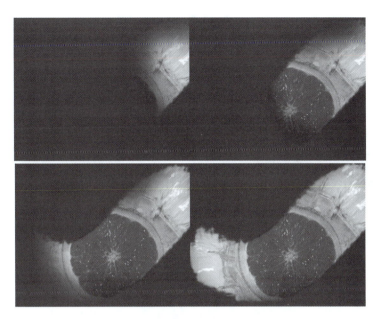

■ 图 3-41　效果图

3.4.2　手机动画

通过手机动画制作，学习绘制形状。视频教学请扫二维码。

Step 1 启动 After Effects，在"项目"面板中双击，导入"手机 .jpg"文件，在"项目"面板中同时选择所导入的"手机"素材，将其置入"时间线"面板，此时"时间线"面板的状态如图 3-42 所示。

手机动画

■ 图 3-42　"钢笔工具"绘制形状

53

提示：绘制形状时无须选择图层，否则绘制的是遮罩。

Step 2 选择工具栏中的"填充工具"，在弹出的"填充选项"对话框中单击▨按钮 [见图 3-43（a）]，然后单击"确定"按钮，效果如图 3-43（b）所示。

（a）

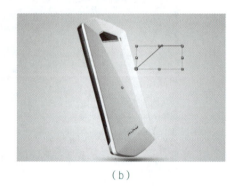

（b）

图 3-43　填充效果

Step 3 选择工具栏中的"横排文字工具"，输入"全新设计"文字，然后在"字符"面板中设计文字，如图 3-44 所示。

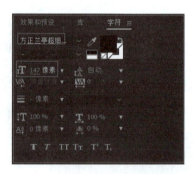

图 3-44　输入"全新设计"文字

Step 4 设置"形状图层 1"动画，选择"形状图层 1"图层，单击"图层"→"预合成"菜单命令，在弹出的"预合成"面板中选择"将所有属性移动到新合成"选项，如图 3-45 所示。

Step 5 选择"矩形工具"绘制矩形遮罩，在"形状图层 1"图层中绘制矩形遮罩，如图 3-46所示。

图 3-45　"预合成"面板　　　　　　　图 3-46　绘制矩形遮罩

Step 6 设置矩形遮罩,将时间移动到 0 帧位置,在"时间"面板中展开"蒙版 1"选项,打开"蒙版路径"选项前面的码表,并将矩形遮罩右边两点移至左侧,插入关键帧;将时间移动到 1 秒帧位置,将矩形遮罩右边两点移至右侧位置,如图 3-47 所示。

■ 图 3-47　遮罩动画

Step 7 设置文字层动画,选择"全新设计"文字图层,按【T】键,设置"不透明度"动画,设置第 0 秒,"不透明度"值为 0;第 1 秒,"不透明度"值为 0;第 1 秒 15 帧,"不透明度"值为 100,如图 3-48 所示。

■ 图 3-48　"不透明度"设置

Step 8 按前面介绍的方法设置其他动画,效果如图 3-49 所示。

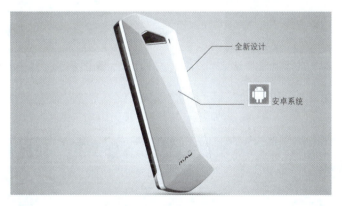

■ 图 3-49　效果图

3.4.3　图层蒙版效果

通过图层蒙版效果制作,掌握图层蒙版设置方法。视频教学请扫二维码。

Step 1 启动 After Effects,单击"合成"→"新建合成"菜单命令,在弹出的"合成设置"

图层蒙版设置

文字设置

对话框中,新建"图层蒙版效果"合成,单击"确定"按钮,新建合成。然后单击"图层"→"新建"→"纯色"菜单命令,在弹出的"纯色设置"面板中设置固态层颜色为白色,新建白色纯色图层,如图 3-50 所示。

Step 2 选择工具栏中的"椭圆工具",按住【Ctrl+Shift】组合键,在中心位置绘制圆形蒙版,效果如图 3-51 所示。

■ 图 3-50 新建合成

■ 图 3-51 绘制圆形蒙版

Step 3 单击"效果"→"生成"→"梯度渐变"菜单命令,设置"结束颜色"为红色,然后设置"渐变起点""渐变终点"位置(见图 3-52),产生的效果如图 3-53 所示。

■ 图 3-52 "梯度渐变"设置

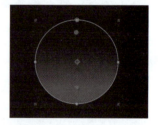
■ 图 3-53 梯度渐变效果

Step 4 单击"效果"→"生成"→"描边"菜单命令,设置"画笔大小"为 5;"画笔硬度"为 5%,如图 3-54 所示。

■ 图 3-54 "描边"效果

Step 5 复制纯色图层，并删除其"梯度渐变""描边"效果，然后设置"蒙版羽化"为50%；"蒙版不透明度"为80%；"蒙版扩展"为-20，如图3-55所示，产生的效果如图3-56所示。

■ 图3-55 蒙版属性设置

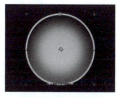

■ 图3-56 效果

Step 6 选择"选择工具"，调整复制的图层，效果如图3-57所示。

Step 7 选择"文字工具"，输入"影视特效"文字，设置相应字体与颜色（见图3-58），然后设置图层模式为"柔光"，产生的效果如图3-59所示。

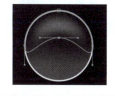

■ 图3-57 复制图层调整

Step 8 新建白色纯色图层，单击"效果"→"生成"→"棋盘"菜单命令，设置"宽度"为40，产生的效果如图3-60所示。

■ 图3-58 输入"影视特效"文字

■ 图3-59 设置图层模式为"柔光"

■ 图3-60 "棋盘"效果

Step 9 将棋盘图层调整至最下一层，单击"效果"→"扭曲"→"凸出"菜单命令，调整"水平半径""垂直半径"，产生的效果如图3-61所示。

■ 图3-61 效果图

第 4 章

图层与灯光

　　After Effects 的混合模式和 Photoshop 中的混合模式基本上是同一概念，只是 After Effects 中的混合模式选项更加繁多。可对灯光层的灯光类型创建不同的灯光效果、灯光颜色大小、灯光强度等。

4.1 图层的分类

　　在编辑图像的过程中，运用不同的层类型产生的图像效果也各不相同，After Effects 软件中的层类型主要有文本层、纯色层、灯光层、摄像机层、空对象层、形状图层和调整图层，如图 4-1 所示。

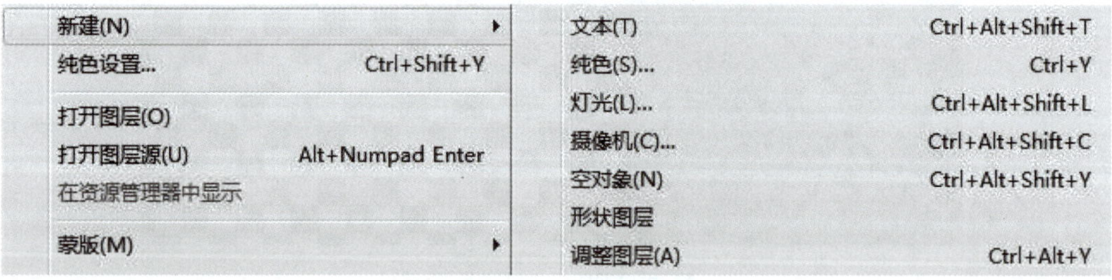

■ 图 4-1　层类型

4.1.1　文本层

　　在工具栏中选择"文字工具"，或单击"图层"→"新建"→"文本"菜单命令，都可以创建一个文本层。当选择"文字工具"，在"合成"窗口中将出现一个闪动的光标符号，此时可以应用相应的输入法直接输入文字。文本层主要用来输入横排或竖排的说明文字，用来制作如字幕、影片对白等文字性的内容，文字是影片中不可缺少的部分，如图 4-2 所示。

第 4 章 图层与灯光

■ 图 4-2 文本层

4.1.2 纯色层

单击"图层"→"新建"→"纯色"菜单命令，即可创建一个纯色层，它主要用来制作影片中的蒙版效果，有时添加特效制作出影片的动态背景，当选择纯色层命令时，将打开"纯色设置"对话框，如图 4-3 所示。在该对话框中，可以对固态层的名称、大小、颜色等参数进行设置。

■ 图 4-3 "纯色设置"对话框

提示：如果想修改创建的纯色层，可以首先选择该图层，然后单击"图层"→"纯色设置"菜单命令，打开"纯色设置"对话框，在其中对该纯色层进行修改设置。

4.1.3 灯光层

单击"图层"→"新建"→"灯光"菜单命令，即可创建一个灯光层，"灯光设置"对话框如图 4-4 所示，在其中可对灯光层的灯光类型创建不同的灯光效果、灯光颜色大小、灯光强度等。

■ 图 4-4 "灯光设置"对话框

练一练

灯光设置

下面举例说明如何创建灯光。视频教学请扫二维码。

Step 1 启动 After Effects，按【Ctrl+N】组合键新建一个合成，在"项目"面板中双击，导入素材文件，在"项目"面板中同时选择所导入的素材，将其置入"时间线"面板，然后打开图层的三维开关，如图 4-5 所示。

■ 图 4-5 打开图层三维开关

Step 2 单击"图层"→"新建"→"灯光"菜单命令，即可创建一个灯光层，打开"灯光设置"对话框，选择"灯光类型"为"平行"，"颜色"设置为黄色，勾选"投影"选项，如图 4-6 所示，单击"确定"按钮，效果如图 4-7 所示。

■ 图 4-6 "投影"选项　　　　　　　　■ 图 4-7 投影效果

Step 3 单击"图层"→"灯光设置"菜单命令，打开"灯光设置"对话框，选择"灯光类型"为"聚光灯"，如图 4-8 所示，单击"确定"按钮，效果如图 4-9 所示。

第 4 章　图层与灯光

■ 图 4-8　"聚光灯"选项

■ 图 4-9　聚光灯效果

Step 4 单击"图层"→"灯光设置"菜单命令，打开"灯光设置"对话框，选择"灯光类型"为"点"，如图 4-10 所示，单击"确定"按钮，效果如图 4-11 所示。

■ 图 4-10　"点"选项

■ 图 4-11　点光效果

Step 5 单击"图层"→"灯光设置"菜单命令，打开"灯光设置"对话框，选择"灯光类型"为"环境"，如图 4-12 所示，单击"确定"按钮，效果如图 4-13 所示。

■ 图 4-12　"环境"选项

■ 图 4-13　环境灯效果

4.1.4 摄像机层

单击"图层"→"新建"→"摄像机"菜单命令，即可创建一个摄像机层，打开"摄像机设置"对话框，如图4-14所示。在该对话框中可以创建不同的摄像机。

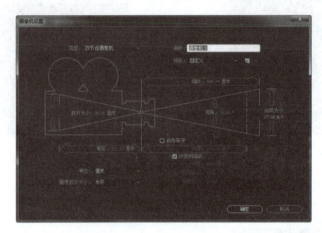

■ 图4-14 "摄像机设置"对话框

练一练

摄像机动画

下面举例说明如何创建摄像机动画。视频教学请扫二维码。

Step 1 启动After Effects，按【Ctrl+N】组合键新建一个合成，然后单击"图层"→"新建"→"纯色"菜单命令，新建图层"宽度""高度"大小为4 000，"颜色"为灰色，如图4-15所示。

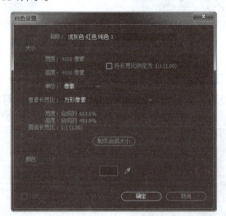

■ 图4-15 图层设置

Step 2 打开新建图层的三维开关，设置"X轴旋转"角度为90°，并向下移动位置，如图4-16所示。

Step 3 在工具栏中选择"文字工具"，输入"摄像机动画"文字，打开文字图层的三维开关，如图4-17所示。

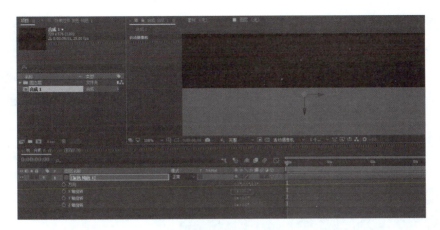

■ 图 4-16　X 轴旋转

■ 图 4-17　输入"摄像机动画"文字

Step 4　单击"图层"→"新建"→"摄像机"菜单命令，即可创建一个摄像机层，然后旋转一个角度，效果如图 4-18 所示。

■ 图 4-18　旋转角度

Step 5 单击"图层"→"新建"→"灯光"菜单命令，即可创建一个灯光层，打开"灯光设置"对话框，选择"灯光类型"为"点"，单击"确定"按钮，效果如图 4-19 所示。

Step 6 调整灯光位置，然后打开"灯光"投影选项；设置文字图层投影选项 [见图 4-20(a)]，效果如图 4-20(b) 所示。

■ 图 4-19　灯光类型

Step 7 选择摄像机图层，按【R】键，单击"Y 轴旋转"前面的秒表，在 0 帧位置设置旋转角度为 9°；在 4 秒位置设置旋转角度为 –9°，产生摄像机动画，如图 4-21 所示。

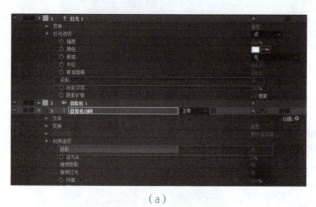

（a）

（b）

■ 图 4-20　投影效果

■ 图 4-21　摄像机动画

4.1.5　空对象层

单击"图层"→"新建"→"空对象"菜单命令，在"时间"面板中创建一个空对象物体，空对象物体是一个线框体，它有名称和基本参数，但不能渲染。它主要用于层次链接，辅助多层同时变化，通过它可以与不同的对象链接，也可以将空对象用作修改的中心。当修改空对象物体参数时，其链接的所有子对象与它一起变化。通常空对象使用这种方式设置链接运动的动画。

4.1.6 形状图层

单击"图层"→"新建"→"形状图层"菜单命令,在"时间"面板中创建一个形状图层,形状图层用于快速地创建形状图案。形状图层一般作遮罩使用,如图 4-22 所示。

4.1.7 调整图层

单击"图层"→"新建"→"调整图层"菜单命令,在"时间"面板中创建一个调整图层,调整图层主要辅助场景影片进行色彩和特效的调整,创建调节层后,直接在调节层上应用特效,可以在调节层下方的所有层同时应用该特效,这样就避免了不同层应用相同特效时,分别单独设置的麻烦。

■ 图 4-22 形状图层

4.2 图层的混合模式

与 Photoshop 类似,After Effects 对于图层模式的应用十分重要,图层之间可以通过图层模式控制上层与下层的融合效果。After Effects 中混合模式都是定义在相关图层上的,而不能定义到置入的素材上,也就是说必须将一个素材置入到合成图像的"时间线"面板中,才能定义其混合模式。定义图层混合模式的方法有以下两种:

方法 1:在"时间线"面板中选中要定义混合模式的图层,然后单击"图层"→"混合模式"菜单命令,在弹出的下拉菜单中选择相应的选项即可。

方法 2:在"时间线"面板中选中要定义混合模式的图层,然后在其后的"混合模式"栏中直接指定相应的混合模式。

After Effects 提供了 36 种混合模式,如图 4-23 所示,下面仅介绍部分常用模式。

1. 正常

当不透明度为 100% 时,此混合模式将根据 Alpha 通道正常显示当前层,并且此层的显示不受到其他层的影响。当不透明度小于 100% 时,当前层的每一个像素点的颜色都将受到其他层的影响,会根据当前层的不透明度值和其他层的色彩来确定显示的颜色。

2. 溶解

该混合模式用于控制层与层之间的融合显示,因此该模式对于有羽化边界的层会起到较大影响。当上层不透明度为 100% 且没有羽化边界时,只在上层图像的边缘产生颗粒状效果。当上层不透明度小于 100% 时,则在图像重叠部分产生颗粒状效果,如图 4-24 所示。

■ 图 4-23 混合模式

■ 图 4-24　"溶解"混合模式前后的效果比较

3. 动态抖动溶解

该模式与"溶解"混合模式相同，只不过对融合区域应用了随机动画。

4. 变暗

当选中该混合模式后，软件将会查看每个通道中的颜色信息，并选择基色或混合色中较暗的颜色作为结果色，即替换比混合色亮的像素，而比混合色暗的像素保持不变，如图 4-25 所示。

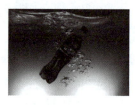 

■ 图 4-25　"变暗"混合模式前后的效果比较

5. 相乘

该模式将模拟：一种光线透过两张图像叠加在一起的幻灯片效果，结果呈现出一种较暗的效果，如图 4-26 所示。

■ 图 4-26　"相乘"混合模式前后的效果比较

6. 颜色加深

上层图像中较亮的区域将透出下层图像，上层中较暗的区域将使下层中对应的区域变得更暗，结果也将使合成图像整体变暗，如图 4-27 所示。

 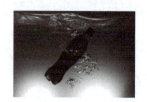

■ 图 4-27　"颜色加深"混合模式前后的效果比较

7. 线性加深

当选择该混合模式时，软件将会查看每个通道中的颜色信息，并通过减小亮度使基色变暗以反映混合色，与白色混合不会发生变化。图 4-28 所示为选择"线性加深"混合模式前后的效果比较。

■ 图 4-28 "线性加深"混合模式前后的效果比较

8. 较深的颜色

这种混合模式可以使基色变暗以反映层的颜色，如果层的颜色为黑色则不产生变化，如图 4-29 所示。

■ 图 4-29 "较深的颜色"模式下的画面显示比较

9. 添加

当选择该混合模式时，将比较混合色和基色所有通道值的总和，并显示通道值较小的颜色。"添加"混合模式不会产生第 3 种颜色，因为它是从基色和混合色中选择通道最小的颜色来创建结果色的，如图 4-30 所示。

■ 图 4-30 "添加"混合模式前后的效果比较

10. 变亮

当选中该混合模式后，软件将会查看每个通道中的颜色信息，并选择基色或混合色中较亮的颜色作为结果色，即替换比混合色暗的像素，而比混合色亮的像素保持不变，如图 4-31 所示。

11. 屏幕

该混合模式是一种加色混合模式，具有将颜色相加的效果。由于黑色意味着 RGB 通道值为 0，所以该模式与黑色混合没有任何效果，而与白色混合则得到 RGB 颜色的最大值白色，如图 4-32 所示。

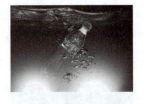

■ 图 4-31　"变亮"混合模式前后的效果比较

■ 图 4-32　"屏幕"混合模式前后的效果比较

12. 颜色减淡

当选择该混合模式时，软件将会查看每个通道中的颜色信息，并通过减少对比度使基色变亮以反映混合色，与黑色混合则不会发生变化，如图 4-33 所示。

■ 图 4-33　"颜色减淡"混合模式前后的效果比较

练一练

下面举例说明如何设置图层模式。视频教学请扫二维码。

图层模式

文字设置

Step 1 启动 After Effects，按【Ctrl+N】组合键新建一个合成，在"项目"面板中双击，导入"烟花.psd"文件，在"项目"面板中同时选择所导入的"烟花.psd"素材，将其置入"时间线"面板，如图 4-34 所示。

Step 2 选择"烟花"图层，设置图层模式为"变亮"，效果如图 4-35 所示。

Step 3 启动 After Effects，按【Ctrl+N】组合键新建一个合成，在"项目"面板中双击，导入"新闻背景"文件，在"项目"面板中同时选择所导入的"新闻背景"素材，将其置入"时间线"面板，然后用"文字工具"输入"12:00"文字，如图 4-36 所示。

■ 图 4-34 "时间线"面板

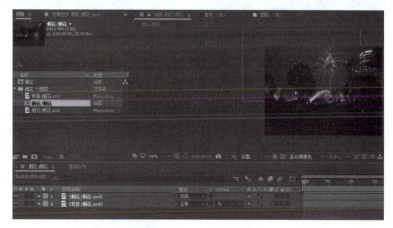

■ 图 4-35 设置图层模式

Step 4 右击文字图层,在弹出的快捷菜单中选择"图层样式"→"渐变叠加"命令,如图 4-37 所示。

■ 图 4-36 输入文字

■ 图 4-37 图层样式

Step 5 单击"颜色"→"编辑渐变"菜单命令,在弹出的"渐变编辑器"对话框中设置第 1 与第 2 点的颜色为橙黄色,第 3 点的颜色为白色,第 4 点的颜色为黄色,如图 4-38 所示,然后单击"确定"按钮,效果如图 4-39 所示。

■ 图 4-38 "渐变编辑器"对话框

■ 图 4-39 编辑效果

Step 6 新建固态层,设置其颜色为深蓝色,然后用"矩形工具"绘制矩形,如图 4-40 所示。

Step 7 用"文字工具"输入"新闻 30 分"文字,如图 4-41 所示。

■ 图 4-40 绘制矩形

■ 图 4-41 效果图

4.3 经典案例

4.3.1 3D 空间

通过 3D 空间绘制,练习并掌握灯光的设置方法。视频教学请扫二维码。

场景设置

灯光设置

灯光阴影设置

Step 1 启动 After Effects,单击"合成"→"新建合成"菜单命令,在弹出的"合成设置"对话框中新建"3D 空间"合成,如图 4-42 所示。

Step 2 单击"图层"→"新建"→"纯色"菜单命令,在弹出的"纯色设置"面板中设置固态层颜色为白色,如图 4-43 所示,并将其命名为"背景"。

■ 图4-42　新建合成

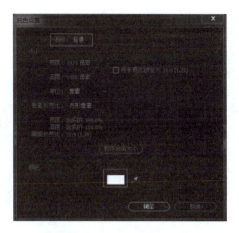
■ 图4-43　设置固态层颜色

Step 3 单击"背景"层右侧的三维层按钮，将其设置为三维层，如图4-44所示。

■ 图4-44　三维层按钮

Step 4 将视图显示设置为"2个视图—水平"，并将左边的视图设置为"自定义视图1"，合成显示效果如图4-45所示。

■ 图4-45　合成显示效果

Step 5 单击"图层"→"新建"→"灯光"菜单命令，在弹出的"灯光设置"对话框中选择"灯光类型"为"聚光"，设置灯光颜色为橙黄色，如图4-46所示，并将其命名为"背景"。

Step 6 选择背景层，按【R】键，设置"X轴旋转"值为90°，然后向下移动背景层至图4-47所示位置。

Step 7 移动聚光灯位置，然后将灯光强度设置为500%，如图4-48所示。

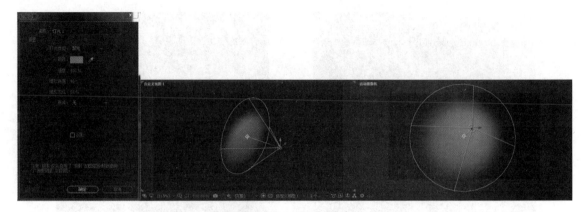

图 4-46 设置灯光颜色

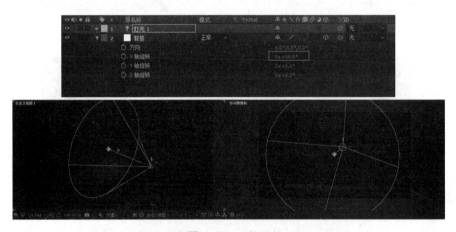

图 4-47 X 轴旋转

图 4-48 灯光强度设置

Step 08 选择背景层，按【S】键，设置其"缩放"值为800，效果如图4-49所示。

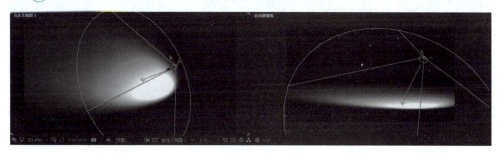

■ 图4-49 设置"缩放"

Step 09 单击"图层"→"新建"→"纯色"菜单命令，在弹出的"纯色设置"对话框中设置固态层颜色为白色，"宽度"为200，"高度"为400，并将其命名为"卡片"，如图4-50所示。

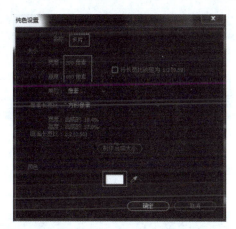

■ 图4-50 设置固态层颜色

Step 10 单击卡片层右侧的三维层按钮，将其设置为三维层，按【R】键，设置"X轴旋转"值为 −60°，移动卡片层至图4-51所示位置。

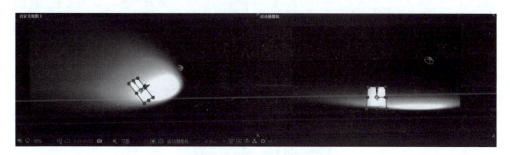

■ 图4-51 X轴旋转

Step 11 单击"图层"→"新建"→"摄像机"菜单命令，创建摄像机，单击工具栏中的 按钮，调整摄像机位置如图4-52所示。

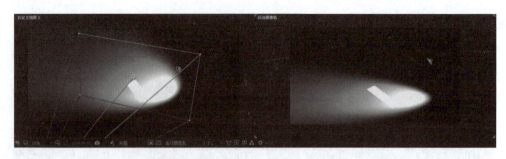

■ 图 4-52 调整摄像机位置

Step 12 设置投影,选择灯光层,展开"灯光选项",将其"投影"切换为"开",然后选择卡片层,展开其"材质选项",将其"接受阴影"切换为"开",产生的投影效果如图 4-53 所示。

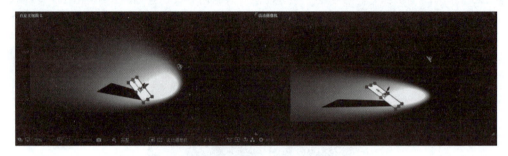

■ 图 4-53 投影效果

Step 13 选择灯光层,展开"灯光选项",设置"阴影扩散"值为 100,产生的扩散阴影效果如图 4-54 所示。

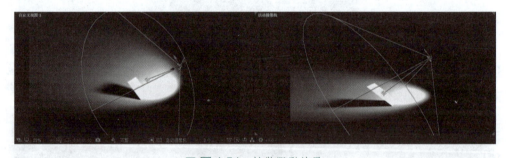

■ 图 4-54 扩散阴影效果

Step 14 使用同样的方法制作其他卡片,最终效果如图 4-55 所示。

■ 图 4-55 效果图

4.3.2 立方体动画

通过立方体动画制作，练习并掌握图层关键帧动画设置方法。视频教学请扫二维码。

立方体动画

立方体打开动画

立方体图片

Step 1 启动 After Effects，单击"合成"→"新建合成"菜单命令，在弹出的"合成设置"对话框中，新建"立方体01"合成，"持续时间"为10秒，如图4-56所示。

Step 2 单击"图层"→"新建"→"纯色"菜单命令，在弹出的"纯色设置"面板中设置固态层颜色为红色，如图4-57所示。

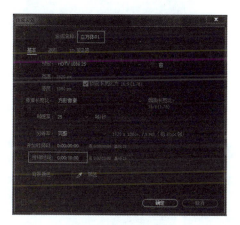
图4-56　新建合成

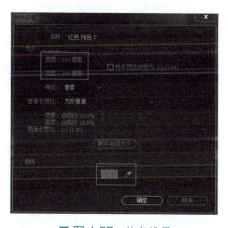
图4-57　纯色设置

Step 3 将新建红色固态层复制5层，然后打开图层三维开关，并分别命名为"前""后""左""右""上""下"，如图4-58所示。

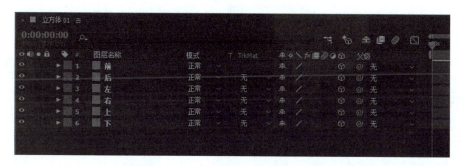
图4-58　图层命名

Step 4 选择2个视图布局，将左边视图设置为"自定义视图"，选择所有图层，按【R】键，展开其旋转属性，然后按【Shift+P】组合键，展开其位置属性，最后分别设置各层的旋转、位置参数，如图 4-59 所示，将其组成一个立方体，效果如图 4-60 所示。

Step 5 选择"前"图层，单击"图层"→"透视"→"斜面 Alpha"菜单命令，然后将"斜面 Alpha"复制，粘贴至其他各层，效果如图 4-61 所示。

Step 6 单击工具栏中的 按钮，分别将"前""后""左""右"层的中心点移至图 4-62 所示位置。

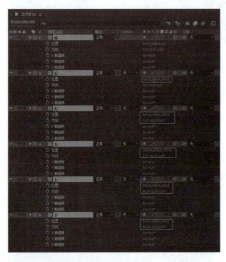

■ 图 4-59　设置各层的旋转、位置参数　　　　■ 图 4-60　立方体效果

■ 图 4-61　斜面 Alpha　　　　■ 图 4-62　调整层的中心点

Step 7 选择"前""后""左""右"层，按【R】键，设置关键帧动画，设置第 0 帧旋转角度为 0，第 1 秒值分别设置如图 4-63 所示，展开效果如图 4-64 所示。

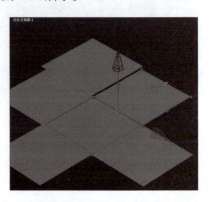

■ 图 4-63　关键帧动画设置　　　　■ 图 4-64　动画效果

Step 8 将时间帧移至 0 秒处，将"上"层与"右"层产生父子链接，然后将时间帧移至 1 秒处，单击工具栏中的■按钮，将"上"层的中心点移至图 4-65 所示位置。

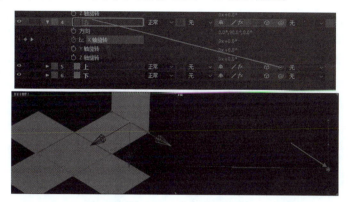

■ 图 4-65　中心点移动

Step 9 选择"上"层，按【R】键，设置关键帧动画，设置第 0 帧旋转角度为 0，第 1 秒值如图 4-66(a) 所示，展开效果如图 4-66(b) 所示。

（a）　　　　　　　　　　　　　　　　　　　　（b）

■ 图 4-66　展开效果

Step 10 在项目窗口中，选择"立方体 01"图层，复制 5 个立方体，如图 4-67 所示。

Step 11 在项目窗口中导入图片，然后按住【Alt】键的同时分别将图片移至"前""后""左""右""上""下"层，效果如图 4-68 所示。

■ 图 4-67　复制立方体

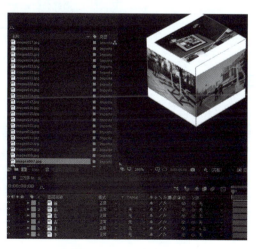

■ 图 4-68　图片替代图层

Step 12 使用同样的方法将"立方体02""立方体03""立方体04""立方体05""立方体06"的"前""后""左""右""上""下"层用图片代替,效果如图4-69所示。

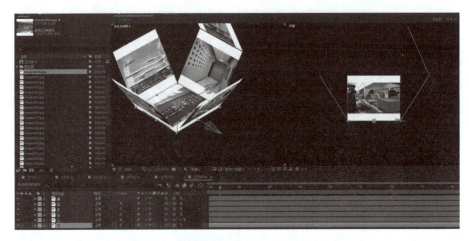

图 4-69　图片代替

Step 13 单击"合成"→"新建合成"菜单命令,在弹出的"合成设置"对话框中,新建"总合成"合成,"持续时间"为10秒,如图4-70所示。

图 4-70　合成设置

Step 14 分别将"立方体01""立方体02""立方体03""立方体04""立方体05""立方体06"合成导入新建的"总合成"合成,然后将它们的入点进行调整,如图4-71所示。

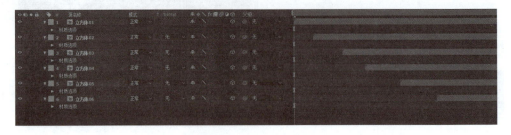

图 4-71　入点调整

Step **15** 选择"立方体 01""立方体 02""立方体 03""立方体 04""立方体 05""立方体 06"图层,单击"图层"→"时间"→"启用时间重映射"菜单命令,然后将时间线移至开始处,按【Alt+[】组合键,如图 4-72 所示。

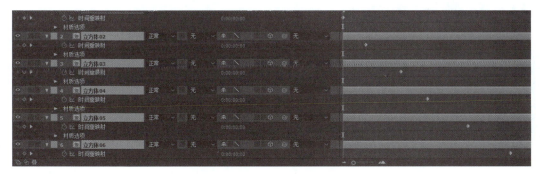

■ 图 4-72　启用时间重映射

Step **16** 单击"图层"→"新建"→"摄像机"菜单命令,添加摄像机,然后将"立方体 01""立方体 02""立方体 03""立方体 04""立方体 05""立方体 06"图层三维开关打开,如图 4-73 所示。

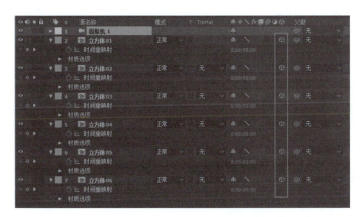

■ 图 4-73　图层三维开关打开

Step **17** 将"立方体 01""立方体 02""立方体 03""立方体 04""立方体 05""立方体 06"图层连续栅格化开关打开,如图 4-74 所示,然后调整摄像机位置,效果如图 4-75 所示。

■ 图 4-74　图层连续栅格化

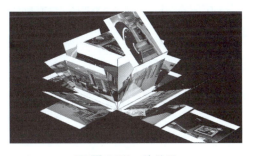

■ 图 4-75　效果图

第 5 章 调色

调色是影片创作中非常重要的内容，是合成必不可少的基本步骤之一。在 After Effects 的调色特效菜单中集合了大量调色命令。对于这繁多的调色特效，应如何去理解和掌握？在进入实例操作之前，下面首先着重介绍一些有关色彩的基础理论知识。

5.1 色彩构成

色彩是客观存在的物质现象，是光刺激眼睛所引起的一种视觉感。它是由光线、物体和眼睛三个感知色彩的条件构成的。缺少任何一个条件，人们都无法准确地感知色彩。色彩构成遵循美的规律和法则，是色彩及其关系的组合。它和绘画一样是视觉艺术的表现手段，是可视的艺术语言。

5.1.1 色彩概述

1. 色彩的产生

色彩是通过物体透射光线和反射光线体现出来的。透射光线的颜色由物体所能透过光线的多少、波长决定，如显示器的色彩是透过屏幕显示的；反射光线由物体反射光线的多少、波长及吸收光线的波长决定，如书本上的图案、衣服上的颜色是由反射光线决定的。

可以说，没有光就没有颜色，不同的光产生不同的颜色。光谱中的色彩以红、橙、黄、绿、青、蓝、紫为基本色。

2. 色彩的三要素

色相、明度、纯度为色彩的三要素，又称三属性。一个色彩的出现，必然同时具备这三个属性。

- 色相：特指色彩所呈现的面貌，它是色彩最重要的特征，是区分色彩的重要依据。色相以红、橙、黄、绿、青、蓝、紫的光谱为基本色相，而且形成一种秩序。

- 明度：指色彩本身的明暗程度，有时候又称亮度，每个色相加入白色可提高明度，加入黑色反之。
- 纯度：指色彩的饱和度，达到饱和状态，即达到高纯度。

黑、白、灰三色归为无彩色系，白色明度最高，黑色明度最低，黑白之间为灰色，如图 5-1 所示。

■ 图 5-1　黑、灰、白

3. 色调

色调是指色彩外观的重要特征和基本倾向。它是由色彩的色相、明度、纯度三要素的综合运用形成的，其中某种因素起主导作用的，就称为某种色调。一般从以下三个方面加以区分。

从明度上分明色调（高调）、暗色调（低调）、灰色调（中调），如图 5-2 所示。

■ 图 5-2　明、暗、灰色调

从色相上分红色调、黄色调、绿色调、蓝色调、紫色调，如图 5-3 所示。

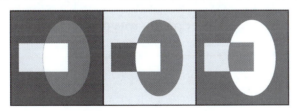

■ 图 5-3　红、黄、蓝色调

从纯度上分清色调（纯色加白或加黑）、浊色调（纯色加灰），如图 5-4 所示。

■ 图 5-4　清、浊色调

5.1.2 色彩与心理

色彩本身只因不同波长光线而产生，无所谓情感心理。但人们的性别、年龄、性格、气质、民族、爱好、习惯、文化背景、种族、环境、宗教信仰、审美情趣和心理联想等给色彩披上了感情色彩，并由此引发出色彩的象征及对不同色彩的偏爱与禁忌，故而有了色彩心理学。

1. 色彩的情感联想

色彩是现代设计的情感语言之一。色彩情感不是设计者主观意识的任意发挥，而是客观意趣的正确反应。人类对色彩的联想有着极大的共性，如表 5-1 所示。

表 5-1 色彩的联想

色 彩	具 象 联 想	抽 象 联 想	情 绪 反 应
红色	火焰、太阳、血、红旗	热烈、暖和、吉祥、战争、扩张	热情、喜庆、恐怖
橙色	橙子、稻谷、霞光	华丽、积极、暖和	激动、兴奋、愉快
黄色	柠檬、香蕉、皇宫、黄金	明快、活泼、华贵、权力、颓废、浅薄	憧憬、快乐、自豪
绿色	植物、小草、橄榄枝	生命、青春、健康、和平、新鲜	平静、安慰、希望
蓝色	天空、海洋	冷、纯洁、卫生、智慧、幽灵	压抑、冷漠、忧愁
紫色	葡萄、茄子、花	高贵、优雅、神秘、病死	痛苦、不安、恐怖、失望
白色	冰雪、白云、纸	明亮、卫生、朴素、纯洁、神圣、死亡	畅快、忧伤
黑色	夜晚、煤、头发、丧服	阴森、死亡、休息、严肃、阴谋、罪恶	恐怖、烦恼、消极、悲痛
灰色	阴天、水泥	平淡、单调、衰败	消极、枯燥、低落、绝望

2. 色彩的轻重、冷暖

色彩的轻重、冷暖受心理因素影响，与实际温度、重量无直接关系。它只是一种对比感觉而已。暖色有红、橙色等；冷色有蓝、绿、黑、白色等；中性色有黄、紫、灰色等。轻色有高明度的色和白色；重色有低明度的色和黑色。

5.2 色彩的调整方法

色彩的调整有多种方法，主要是使用色阶、曲线、变化等命令，下面将分别进行介绍。

5.2.1 色阶

"色阶"命令用于调整图像的阴影、中间调和高光的强度级别，从而校正图像的色调范围和色彩平衡。"色阶"直方图是用作调整图像基本色调的直观参考。

练一练

下面举例说明如何使用"色阶"调色。视频教学请扫二维码。

第 5 章 调　色

Step 1 启动 After Effects，在"项目"面板中双击，导入"风景.jpg"文件，在"项目"面板中同时选择所导入的"风景"素材，将其置入"时间线"面板，此时"时间线"面板的状态如图 5-5 所示。

色阶命令

■ 图 5-5　"时间线"面板

Step 2 选择"风景"图层，单击"效果"→"颜色校正"→"色阶"菜单命令，在弹出的"色阶"效果面板中设置"输入黑色"值为 48；"输入白色"值为 180，调整前后效果如图 5-6 所示。

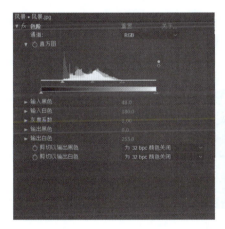

■ 图 5-6　效果图

5.2.2　曲线

"曲线"命令与"色阶"命令类似，都可以调整图像的整个色调范围，是应用非常广泛的色调调整命令，不同的是"曲线"命令不仅仅使用 3 个变量（高光、暗调、中间调）进行调整，而且还可以调整 0 ~ 225 以内的任意点，同时保持 15 个其他值不变。也可以使用"曲线"命令对图像中的个别颜色通道进行精确调整。

 练一练

下面举例说明如何使用"曲线"调色。视频教学请扫二维码。

83

曲线调色

Step 1 启动 After Effects，在"项目"面板中双击，导入"晚霞.tga"文件，在"项目"面板中同时选择所导入的"晚霞"素材，将其置入"时间线"面板，然后单击"效果"→"颜色校正"→"曲线"菜单命令，为图像添加"曲线"特效，如图 5-7 所示。

■ 图 5-7 "曲线"特效

Step 2 单击曲线，添加一个控制点，拖动该控制点向上移动，发现图像变亮，如图 5-8 所示。

■ 图 5-8 控制点向上移动效果

Step 3 单击曲线，拖动控制点向下移动，发现图像变暗，如图 5-9 所示。

■ 图 5-9 控制点向下移动效果

5.2.3 亮度/对比度

使用"亮度/对比度"命令可以对图像的色调范围进行简单的调整，其与"曲线"和"色阶"命令不同，它对图像中的每个像素均进行同样的调整。"亮度/对比度"命令对单个通道不起作用，建议不要用于高端输出，以免引起图像细节丢失。

 练一练

下面举例说明如何使用"亮度/对比度"调色。视频教学请扫二维码。

Step 1 启动 After Effects，在"项目"面板中双击，导入风景素材，在"项目"面板中同时选择所导入的风景素材，将其置入"时间线"面板，然后单击"效果"→"颜色校正"→"亮度/对比度"菜单命令，为图像添加"亮度/对比度"特效，如图 5-10 所示。

亮度/对比度

■ 图 5-10　"亮度/对比度"特效

Step 2 在"亮度/对比度"特效面板中设置"亮度"值为 -60；"对比度"值为 18，如图 5-11 所示。

■ 图 5-11　调整效果

5.2.4 色相/饱和度

使用"色相/饱和度"命令可以调整整个图像或单幅颜色分量的色相、饱和度和亮度值，或者同时调整图像中所有颜色。

练一练

下面举例说明如何使用"色相/饱和度"调色。视频教学请扫二维码。

Step 1 启动 After Effects，在"项目"面板中双击，导入花素材，在"项目"面板中同时选择所导入的花素材，将其置入"时间线"面板，然后单击"效果"→"颜色校正"→"色相/饱和度"菜单命令，为图像添加"色相/饱和度"特效，如图 5-12 所示。

■ 图 5-12　"色相/饱和度"特效

Step 2 选择花蕾，花蕾的颜色为黄色，在"色相/饱和度"特效面板的"通道控制"下拉列表中选择"黄色"，如图 5-13 所示。

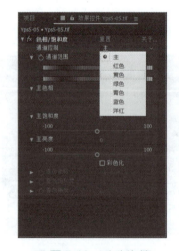

■ 图 5-13　通道控制

Step 3 调整"黄色色相"，可以看到花蕾颜色变了，但花也同时变了，如图 5-14 所示。

■ 图 5-14　效果图

5.3 经典案例

5.3.1 曝光过渡效果

本案例使用色阶命令，设置"输入白色"值，制作曝光过渡效果。视频教学请扫二维码。

Step 1 启动 After Effects，在"项目"面板中双击，导入 PNG 序列素材，在"项目"面板中同时选择所导入的 PNG 序列素材，将其置入"时间线"面板，然后单击"效果"→"颜色校正"→"色阶"菜单命令，为图像添加"色阶"特效，如图 5-15 所示。

曝光过渡转场动画

■ 图 5-15　"色阶"特效

Step 2 将时间移动到 5 秒 8 帧位置，单击"色阶"效果面板中"直方图"选项前面的码表，设置关键帧，然后按【U】键，显示关键帧，如图 5-16 所示。

Step 3 将时间移动到 5 秒 14 帧位置，设置"输入白色"值为 15，制作曝光效果，如图 5-17 所示。

■ 图 5-16　设置关键帧

Step 4　将时间移动到 5 秒 21 帧位置，设置"输入白色"值为 255（见图 5-18），效果如图 5-19 所示。

Step 5　复制前面制作的关键帧，然后将时间移动至 8 秒 8 帧位置粘贴关键帧，制作第二个过渡效果，如图 5-20 所示。效果如图 5-21 所示。

■ 图 5-17　制作曝光效果

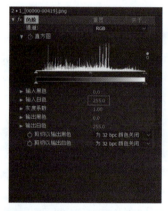

■ 图 5-18　设置"输入白色"值

■ 图 5-19　效果

■ 图 5-20　第二个过渡效果

■ 图 5-21　效果图

5.3.2　冷暖色调整

本案例运用"曲线"调整命令，调整去冷暖色，然后使用"高斯模糊"滤镜虚化周围环境。视频教学请扫二维码。

冷色调　　暖色调

Step 1 启动 After Effects，在"项目"面板中双击，导入"人物"素材，在"项目"面板中同时选择所导入的人物素材，将其置入"时间线"面板，如图 5-22 所示。

■ 图 5-22　素材图像

Step 2 复制"人物"图层，设置图层模式为"柔光"，效果如图 5-23 所示。

■ 图 5-23　修改图层模式效果图

Step 3 将"人物"合成拖动到"新建合成"按钮上，新建合成，然后将图层进行合并，如图 5-24 所示。

■ 图 5-24　图层进行合并

Step 4 单击"效果"→"颜色校正"→"曲线"菜单命令，为图像添加"曲线"特效。选择"通道"为红色，添加一个控制点，拖动该控制点向上移动，蓝色"通道"控制点向下移动，如图 5-25 所示。

■ 图 5-25　"曲线"特效

Step 5 复制图层，选择工具栏中的"钢笔工具"沿人物勾选人物，然后勾选蒙版"反转"选项，并设置"蒙版羽化"值为 10，如图 5-26 所示。

■ 图 5-26　蒙版羽化

Step 6 单击"效果"→"模糊和锐化"→"高斯模糊"菜单命令,设置"模糊度"为 10,产生效果如图 5-27 所示。

图 5-27 高斯模糊

Step 7 冷色调制作方法大体相同,只需在"曲线"对话框中调整"红""蓝"通道线,如图 5-28 所示。

图 5-28 曲线调整

Step 8 最终效果如图 5-29 所示。

（a）暖色调　　　　　　　　　　　　　　　（b）冷色调

图 5-29 冷暖效果

5.3.3 调色综合运用

调色综合

通过学习调色综合运用,掌握"色彩平衡""曲线""色相/饱和度""亮度遮罩"等运用方法。视频教学请扫二维码。

Step 1 启动 After Effects,在"项目"面板中双击,导入"云"素材,在"项目"面板中同时选择所导入的"云"素材,将其置入"时间线"面板,然后单击"效果"→"颜色校正"→"色彩平衡"菜单命令,勾选"保持发光度"选项,并设置相应参数,如图 5-30 所示。

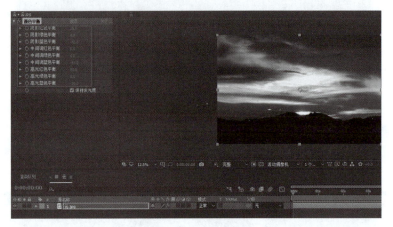

■ 图 5-30 色彩平衡

Step 2 单击"效果"→"颜色校正"→"曲线"菜单命令,为图像添加"曲线"特效。然后单击曲线,添加一个控制点,拖动该控制点向下移动,发现图像变暗,如图 5-31 所示。

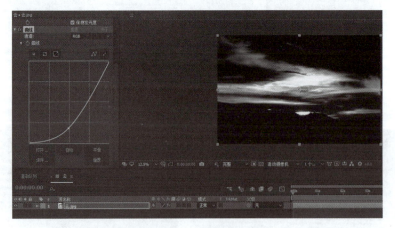

■ 图 5-31 "曲线"特效

Step 3 导入"山林"素材,将其"缩放"值设置为 500,如图 5-32 所示。

Step 4 单击"效果"→"颜色校正"→"色相/饱和度"菜单命令,设置"主饱和度"为 100,将画面去色,效果如图 5-33 所示。

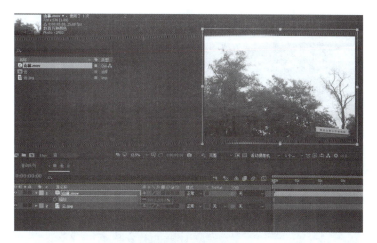

■ 图 5-32　缩放设置

■ 图 5-33　色相/饱和度

Step 5 单击"效果"→"颜色校正"→"曲线"菜单命令,为图像添加"曲线"特效。然后单击曲线,添加控制点并调整,增强画面对比度,创建出黑白画面效果,如图 5-34 所示。

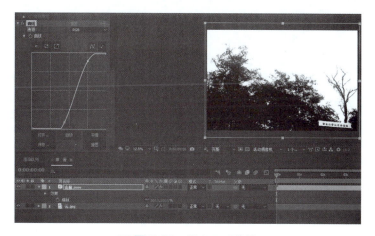

■ 图 5-34　黑白画面效果

Step 6 设置"云"图层遮罩为"亮度遮罩",产生效果如图 5-35 所示。

■ 图 5-35 效果图

第 6 章 滤镜特效

本章主要介绍效果应用基础、过渡特效滤镜、模糊特效滤镜和常规特效滤镜方面的知识与技巧。通过本章的学习，读者可以掌握常用视频特效基础操作方面的知识，为深入学习 After Effects 应用知识奠定基础。

6.1 滤镜特效简介

After Effects 软件本身自带了许多标准滤镜特效。其中包括音频、模糊与锐化等。滤镜特效不仅能够对影片进行丰富的艺术加工，还可以提高影片的画面质量和效果。

选择需要增加特效的层，通过选择效果菜单中的某一选项，为目标层增加特效，如图 6-1 所示。

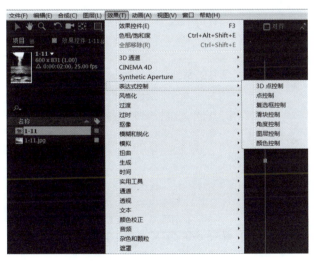

■ 图 6-1 "效果"菜单

除通过"效果"菜单以外，还可以右击目标层，在弹出的快捷菜单中选择"效果"命令，也可以为目标层增加特效，如图 6-2 所示。

■ 图 6-2　鼠标右键菜单

6.2　3D 通道特效

"3D 通道"特效可以把三维场景融于二维合成中，并且对三维场景进行修改调整。三维通道滤镜可以阅读和处理 RPF 附加通道的信息。包括 Z 轴深度、表面标准、目标标识符、结构匹配、背景颜色和素材标识等。可以沿着 Z 轴遮蔽三维元素、在三维场景中插入其他元素、模糊三维场景区域、隔离三维元素、施加深度模糊滤镜和展开三维通道信息作为其他滤镜的参数。菜单中提供了"3D 通道提取""EXtractoR""ID 遮罩""IDentifier""场深度""深度遮罩""雾 3D"等效果，如图 6-3 所示。

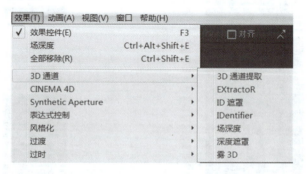

■ 图 6-3　"3D 通道"特效

6.3　模糊和锐化特效

"模糊和锐化"特效可以使图像模糊或清晰化。它针对图像的相邻像素进行计算来产生效果。

可以利用该特效模仿摄影机的变焦以及制作其他一些特效效果。菜单中提供了 CC Cross Blur、CC Radial Blur、CC Radial Fast Blur、CC Vector Blur、定向模糊、钝化蒙版、方框模糊、复合模糊、高斯模糊、径向模糊、锐化、摄像机镜头模糊、双向模糊、通道模糊、智能模糊滤镜特效选项，如图 6-4 所示。

■ 图 6-4 "模糊和锐化"特效

练一练

下面举例说明如何使用"摄像机镜头模糊"。视频教学请扫二维码。

Step 1 启动 After Effects，在"项目"面板中双击，导入"门锁.jpg"文件，在"项目"面板中同时选择所导入的"门锁"素材，将其置入"时间线"面板，此时"时间线"面板的状态如图 6-5 所示。

径向模糊

■ 图 6-5 "时间线"面板

97

Step 2 选择"门锁"层,单击"效果"→"模糊和锐化"→"径向模糊"菜单命令,在弹出的"径向模糊"效果面板中设置"数量"值为10,调整前后效果如图6-6所示。

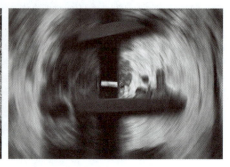

■ 图6-6 效果图

6.4 风格化特效

"风格化"特效通过对图像中的像素及色彩进行替换和修改等处理,可以模拟各种画风,创作出丰富而真实的艺术效果。该组特效中提供了艺术化滤镜特效,其中包括CC Block Load、CC Burn Film、CC Glass、CC HexTile、CC Kaleida、CC Mr.Smoothie、CC Plastic、CC RepeTile、CC Threshold、CC Threshold RGB、CC Vignette、彩色浮雕、查找边缘、动态拼贴、发光、浮雕、画笔描边、卡通、马赛克、毛边、散布、色调分离、闪光灯、纹理化、阈值等滤镜特效,如图6-7所示。

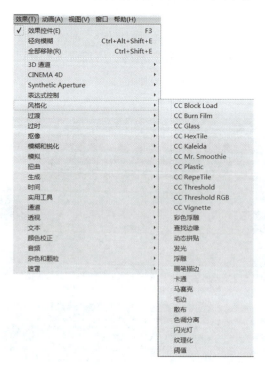

■ 图6-7 "风格化"特效

练一练

下面举例说明如何使用"马赛克"。视频教学请扫二维码。

马赛克

Step 1 启动 After Effects，在"项目"面板中双击，导入"人物 .jpg"文件，在"项目"面板中同时选择所导入的"人物"素材，将其置入"时间线"面板，此时"时间线"面板的状态如图 6-8 所示。

■ 图 6-8 "时间线"面板

Step 2 选择人物图层，按【Ctrl+D】组合键将人物图层复制，然后选择"矩形工具"绘制矩形遮罩，在"人物"图层绘制矩形遮罩，如图 6-9 所示。

Step 3 单击"效果"→"风格化"→"马赛克"菜单命令，在弹出的"马赛克"效果面板中设置"水平块""垂直块"值为 60（见图 6-10），调整前后效果如图 6-11 所示。

■ 图 6-9 绘制矩形遮罩

■ 图 6-10 "马赛克"效果面板

■ 图 6-11　效果图

6.5 扭曲特效

"扭曲"特效组主要应用不同的形式对图像进行扭曲变形处理，包括多种特效，CC Bend It、CC Bender、CC Blobbylize、CC Flo Motion、CC Griddler、CC Lens、CC Page Turn、CC Power Pin、CC Ripple Pulse、CC Smear、CC Split、CC Split 2、CC Tiler、保留细节放大、贝塞尔曲线变形、边角定位、变换、变形、变形稳定器 VFX、波纹、波形变形、放大、改变形状、光学补偿、果冻效应修复、极坐标、镜像、偏移、球面化、湍流置换、网格变形、旋转扭曲、液化等各种特效，如图 6-12 所示。

■ 图 6-12　"扭曲"特效

第 6 章　滤镜特效

练一练

下面举例说明如何使用"网格变形"。视频教学请扫二维码。

Step 1 启动 After Effects，在"项目"面板中双击，导入"人物2.jpg"文件，在"项目"面板中同时选择所导入的"人物2"素材，将其置入"时间线"面板，此时"时间线"面板的状态如图 6-13 所示。

■ 图 6-13　"时间线"面板

Step 2 单击"效果"→"扭曲"→"网格变形"菜单命令，在弹出的"网格变形"效果面板中设置"行数""列数"值为 20（见图 6-14）。单击"扭曲网格"前面的码表，设置关键帧，然后将时间移动到 5 帧位置，按住【Shift】键，选择网格点，移动至图 6-15 所示位置。

Step 3 将时间移动到 10 帧位置，按住【Shift】键，选择网格点，移动至图 6-16 所示位置。制作扭动动画效果如图 6-17 所示。

■ 图 6-14　网格变形

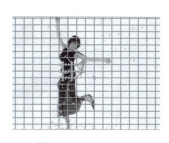

■ 图 6-15　设置关键帧

■ 图 6-16　移动网格点

■ 图 6-17　效果图

6.6　生成特效

"生成"特效组可以在图像上创造各种常见的特效，如闪电、圆、镜头光晕等，还可以对图像进行颜色填充，如四色渐变等。该特效组包括 CC Glue Gun、CC Light Burst 2.5、CC Light Rays、CC Light Sweep、CC Threads、单元格图案、分形、高级闪电、勾画、光束、镜头光晕、描边、棋盘、四色渐变、梯度渐变、填充、涂写、椭圆、网格、无线电波、吸管填充、写入、音频波形、音频频谱、油漆桶等效果，如图 6-18 所示。

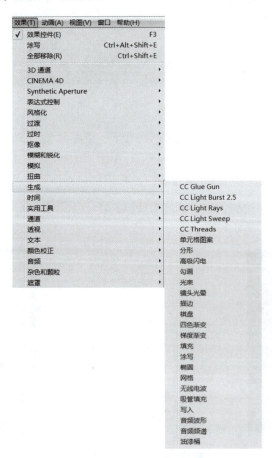

■ 图 6-18　"生成"特效组

练一练

下面举例说明如何使用"涂写"。视频教学请扫二维码。

Step 1 启动 After Effects,在"项目"面板中双击,导入"背景.jpg"文件,在"项目"面板中同时选择所导入的"背景"素材,将其置入"时间线"面板,此时"时间线"面板的状态如图 6-19 所示。

涂写

■ 图 6-19 "时间线"面板

Step 2 单击"图层"→"新建"→"纯色"菜单命令,在弹出的"纯色设置"面板中设置固态层颜色为白色,如图 6-20 所示。

Step 3 选择新建的白色固态层,并将其隐藏,然后选择工具栏中的"钢笔工具",在白色固态层上绘制心形遮罩,如图 6-21 所示。

■ 图 6-20 设置固态层颜色

■ 图 6-21 绘制心形遮罩

Step 4 将隐藏层打开，然后单击"效果"→"生成"→"涂写"菜单命令，在弹出的"涂写"效果面板中设置"颜色"为红色（见图6-22）。单击"结束"前面的码表，设置关键帧，并将值设置为0；将时间移动到10帧位置，将值设置为100，效果如图6-23所示。

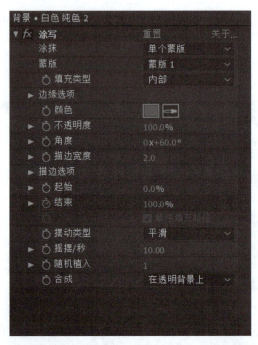

■ 图6-22 "涂写"效果面板设置

■ 图6-23 效果图

6.7 第三方插件

除After Effects自带标准滤镜以外，用户还可以根据需要安装第三方滤镜来增加特效功能。After Effects的所有滤镜都存放于Plug-ins目录中，每次启动时系统会自动搜索Plug-ins目录中的滤镜，并将搜索到的滤镜加入到After Effects的"效果"菜单中。选择需要增加特效的层，通过选择菜单中的某一选项为目标层增加特效，如图6-24所示。

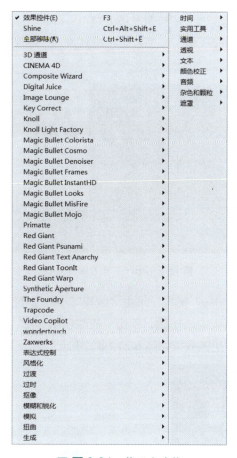

■ 图 6-24　第三方滤镜

6.7.1　TrapCode 特效

TrapCode 公司开发的 Shine、3D Stroke 和 Particular 等插件在后期影片合成及制作中会经常使用到，安装插件后可以在"效果"菜单中增加各种滤镜特效，如图 6-25 所示。

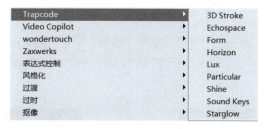

■ 图 6-25　TrapCode 公司开发的滤镜

 练一练

下面举例说明如何使用"Shine"。视频教学请扫二维码。

Step ① 启动 After Effects，在"项目"面板上双击，导入"战胜疫情.jpg"文件，在"项目"面板中同时选择所导入的"战胜疫情"文字素材，将其置入"时间线"面板，此时"时间线"面板状态如图 6-26 所示。

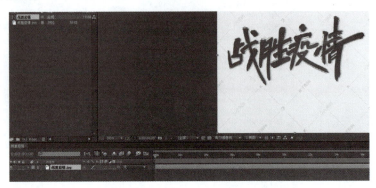

■ 图 6-26 "时间线"面板

Step ② 选择"战胜疫情.jpg"图层，单击"效果"→"抠像"→"颜色范围"菜单命令，在弹出的"颜色范围"效果面板中选择 ，单击"战胜疫情.jpg"图层白色部分，设置"模糊"值为100[见图 6-27（a）]，产生的效果如图 6-27（b）所示。

（a）

（b）

■ 图 6-27 "颜色范围"效果

Step ③ 复制"战胜疫情.jpg"图层，单击"效果"→"TrapCode"→"Shine"菜单命令，在弹出的"Shine"效果面板中设置"光线长度"值为10；"光线亮度"值为20；"应用模式"为"Add"（见图 6-28），产生的效果如图 6-29 所示。

■ 图 6-28 "Shine"效果面板

■ 图 6-29 Shine 效果

Step ④ 设置光线动画，将时间移动到 0 帧位置，设置"来源点"位置为（600，288）；将时间移动到 2 s 位置，设置"来源点"位置为（0，288），产生动画效果如图 6-30 所示。

■ 图 6-30 "Shine"动画效果

Step ⑤ 在"项目"面板中双击，导入"星空.jpg"文件，在项目面板中同时选择所导入的"星空"素材，将其置入"时间线"面板，并调整其大小，此时"时间线"面板状态如图 6-31 所示。

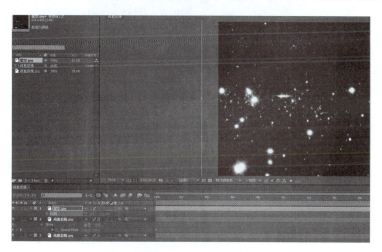

■ 图 6-31 调整素材大小

Step ⑥ 将素材进行调色，单击"效果"→"色彩校正"→"曲线"菜单命令，在弹出的"曲线"效果面板中分别设置"红""绿""蓝"通道，如图 6-32 所示，将素材调整为暖色，效果如图 6-33 所示。

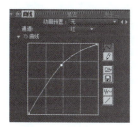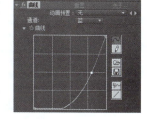

■ 图 6-32 "曲线"面板

107

■ 图 6-33 调整暖色效果

Step 7 将素材图层调整至最下一层，效果如图 6-34 所示。

■ 图 6-34 调整图层效果

6.7.2 Knoll Light Factory 特效

Knoll Light Factory（光工厂）特效可以模拟各种不同类型的光源效果，增加滤镜特效后会自动分析图像中的明暗关系并定位光源点用于制作发光效果，可以根据黑白图案控制或运动发光源与三维场景实现完美结合，Knoll Light Factory 滤镜特效菜单如图 6-35 所示。

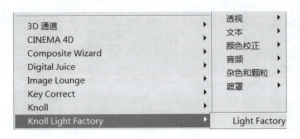

■ 图 6-35 Knoll Light Factory 滤镜特效菜单

练一练

下面举例说明如何使用 Knoll Light Factory。视频教学请扫二维码。

Knoll Light Factory

Step 1 启动 After Effects，在"项目"面板中双击，导入"星空 .jpg"文件，在"项目"面板中同时选择所导入的"星空"素材，将其置入"时间线"面板，此时"时间线"面板的状态如图 6-36 所示。

■ 图 6-36　"时间线"面板

Step 2 单击"效果"→"Knoll Light Factory"→"Light Factory"菜单命令，在弹出的"Light Factory"效果面板中设置"Brightness"值为 120；"Scale"值为 1.5（见图 6-37），产生效果如图 6-38 所示。

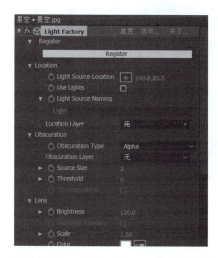

■ 图 6-37　"Light Factory"效果面板

■ 图 6-38　Light Factory 效果

109

Step 3 设置光动画，将时间移动到 0 帧位置，设置 "Light Source Location" 位置为（-50，85.5）；将时间移动到 2 秒位置，设置 "Light Source Location" 位置为（550，85.5），产生的动画效果如图 6-39 所示。

▣ 图 6-39　效果图

6.8　经典案例

6.8.1　圣杯特效动画

圣杯特效动画

通过圣杯特效动画制作，练习"无线电波""泡沫""梯度渐变""色光"等滤镜的使用方法。视频教学请扫二维码。

Step 1 无线电波。启动 After Effects，按【Ctrl+N】组合键新建一个名为"星星"的合成，将 Preset（预置）制式设置为"HDTV"，大小为 240 像素 ×240 像素，影片长度设置为 10 秒，然后单击"确定"按钮，新建合成。然后单击"图层"→"新建"→"纯色"菜单命令（见图 6-40），新建固态图层。

▣ 图 6-40　新建固态图层

Step 2 单击"效果"→"生成"→"无线电波"菜单命令，在弹出的对话框中设置参数如图 6-41 所示。产生无线电波效果如图 6-42 所示。

■ 图 6-41　"无线电波"设置

■ 图 6-42　产生的无线电波效果

Step 3 复制固态图层，设置"无线电波"参数如图 6-43 所示。产生的无线电波效果如图 6-44 所示。

■ 图 6-43　设置"无线电波"参数

■ 图 6-44　无线电波效果

Step 4 导入 Glasscup.tga 与 GlasscupMatte.tga 文件，按【Ctrl+N】组合键新建一个名为"玻璃杯"的合成，将 Preset（预置）制式设置为"HDTV"，大小为 720 像素 ×576 像素，影片长度设置为 6 秒，单击"确定"按钮，新建合成。然后将导入的 Glasscup.tga 与 GlasscupMatte.tga 文件拖入时间线上，如图 6-45 所示。

■ 图 6-45　导入素材

Step 5 单击"图层"→"新建"→"纯色"菜单命令,新建固态图层。然后单击"效果"→"模拟"→"泡沫"菜单命令,在弹出的对话框中设置参数如图6-46所示。产生的泡沫效果如图6-47所示。

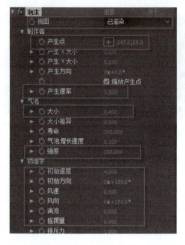

■ 图6-46 "泡沫"设置　　　　■ 图6-47 产生的泡沫效果

Step 6 将"星星"合成拖入时间线上,并放置在最后一层,如图6-48所示。

■ 图6-48 "时间线"面板

Step 7 选择固态图层,在弹出的"泡沫"对话框中设置参数如图6-49所示。产生的泡沫效果如图6-50所示。

■ 图6-49 "泡沫"设置　　　　■ 图6-50 产生泡沫效果

Step 8 按【Ctrl+N】组合键新建一个名为"渐变"的合成,将Preset(预置)制式设置为"HDTV",大小为720像素×576像素,影片长度设置为6秒,单击"确定"按钮,新建合成。新建固态图层,单击"效果"→"生成"→"梯度渐变"菜单命令,效果如图6-51所示。

Step 9 返回到"玻璃杯"合成,将"渐变"合成拖入时间线上,并放置在最后一层,如图6-52所示。

第 6 章 滤镜特效

■ 图 6-51 梯度渐变

■ 图 6-52 时间线面板

Step 10 选择固态图层，单击"效果"→"颜色校正"→"色光"菜单命令，在弹出的对话框中设置参数如图 6-53 所示。产生的色光效果如图 6-54 所示。

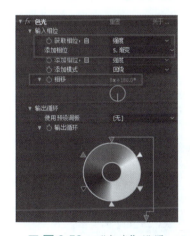

■ 图 6-53 "色光"设置

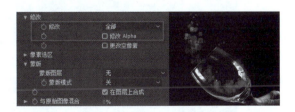

■ 图 6-54 产生的色光效果

6.8.2 群鸟飞舞

本案例是一个综合的合成操作，是对粒子特效仿真的进一步发掘。在本例中需要用 TrapCode Particular 粒子特效制作出群鸟飞舞的效果，最后还需学习创建一个傍晚的场景，完成整个效果的制作。视频教学请扫二维码。

群鸟飞舞

113

Step ① 创建群鸟。导入"山林.mov""云.jpg""鸟.tga"序列到项目窗口中,如图6-55所示。

图6-55 导入素材

Step ② 由于本案例的画面大小与"山林.mov"相同,因此可以"山林.mov"的参数建立新合成。将"山林.mov"拖动至项目窗口底部的"新建合成"按钮上,建立一个新合成,如图6-56所示。

图6-56 调整素材

Step ③ 将导入的"鸟.tga"序列拖动至新合成的时间线上,并放置在"山林.mov"层的上方,合成窗口显示如图6-57所示。

第 6 章 滤镜特效

■ 图 6-57 导入的 "鸟 .tga" 序列

Step 4 在 "项目" 窗口中选择 "鸟 .tga" 序列并右击，在弹出的快捷菜单中 "解释素材" → "主要" 选项（见图 6-58），在 "解释素材" 面板中将 "循环" 设置为 2，如图 6-59 所示。

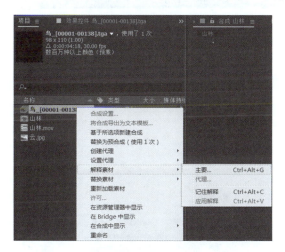

■ 图 6-58 解释素材

■ 图 6-59 循环设置

Step 5 单击 "确定" 按钮，在时间线上拖动 "鸟 .tga" 序列层，将其拖动到时间线的尽头，如图 6-60 所示。

■ 图 6-60 拖动 "鸟 .tga" 序列层

115

Step 6 将"鸟.tga"序列层隐藏，单击"图层"→"新建"→"纯色"菜单命令，新建纯色层，单击"效果"→"TrapCode"→"Particular"菜单命令，添加粒子效果，如图6-61所示。

图6-61 添加粒子效果

Step 7 在"Particular"面板中设置"生命"值为6秒；"粒子类型"为"子画面"；"图层"选择"鸟.tga"序列层；"时间采样"选择"随机-播放一次"（见图6-62），效果如图6-63所示。

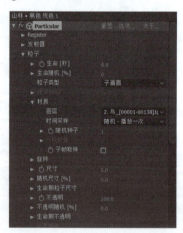

图6-62 "Particular"面板设置

图6-63 Particular效果

Step 8 现在看到飞鸟大小一样，这不符合真实情况，需要对飞鸟大小进行随机化处理。将"尺寸"值设置为6；"随机尺寸"为40%（见图6-64），这样飞鸟大小随机变化，如图6-65所示。

Step 9 设置"发射器类型"为"盒子"；"位置XY"为（180，390）；"方向"为"方向"选项；"X位置"为"0×+90"；"Y位置"为"0×+66"；"速率"为200；"发射器尺寸"为110（见图6-66），产生的效果如图6-67所示。

第 6 章 滤镜特效

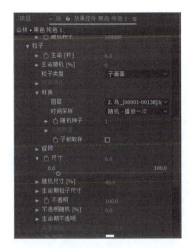

■ 图 6-64　随机化处理

■ 图 6-65　飞鸟大小随机变化

■ 图 6-66　"Particular"面板设置

■ 图 6-67　粒子效果

Step 10 播放动画，感觉粒子运动稍显生硬，运动呈直线运动，没有上下运动，需要调动粒子物理属性，让空气波动影响粒子运动，设置"旋转幅度"值为 40，如图 6-68 所示。

Step 11 设置飞鸟飞入林中动画，将时间移动到 0 帧位置，设置"粒子/秒"值为 100；将时间移动到 2 秒位置，设置"粒子/秒"值为 0，可以看到两秒以后，飞鸟不再从树林中飞出来了，如图 6-69 所示。

Step 12 设置"运动模糊"为"开"；"快门角度"为 150；"不透明提升"值为 10（见图 6-70），产生的模糊效果如图 6-71 所示。

■ 图 6-68　设置"旋转幅度"

117

■ 图6-69 "Particular"面板设置

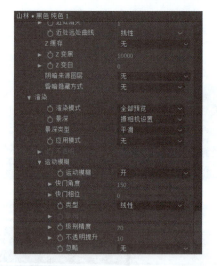

■ 图6-70 "运动模糊"设置

■ 图6-71 产生的模糊效果

Step 13 合成场景。将"云.jpg"从项目窗口中拖动至时间线上层的最底部，并隐藏"山林.mov"层，时间显示如图6-72所示。

Step 14 选择"云"层，单击"效果"→"颜色校正"→"颜色平衡"菜单命令，设置参数如图6-73所示，效果如图6-74所示。

Step 15 单击"效果"→"颜色校正"→"曲线"菜单命令，添加曲线特效，调整曲线至如图6-75所示位置，降低画面亮度，效果如图6-76所示。

Step 16 将"山林"层显示出来，然后单击"效果"→"颜色校正"→"色相/饱和度"菜单命令，设置"主饱和度"参数为-100（见图6-77），将画面去色，效果如图6-78所示。

■ 图 6-72　时间线面板

■ 图 6-73　"颜色平衡"设置

■ 图 6-74　颜色平衡效果

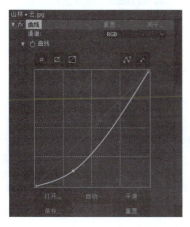

■ 图 6-75　曲线调整

■ 图 6-76　曲线特效

■ 图 6-77 "色相/饱和度"设置

■ 图 6-78 去色效果

Step 17 单击"效果"→"颜色校正"→"曲线"菜单命令,添加曲线特效,调整曲线至如图 6-79 所示位置,增加画面对比度,创建出黑白画面效果如图 6-80 所示。

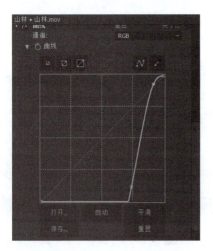

■ 图 6-79 添加曲线特效

■ 图 6-80 黑白画面效果

Step 18 选择"云.jpg"图层,将"云"层的 TrkMat 设置为"亮度遮罩 [山林.mov]",即以"山林.mov"层的亮度作为当前"云.jpg"层的显示依据,设置完毕后,效果如图 6-81 所示。

■ 图 6-81 效果图

6.8.3 火焰特效

通过本案例学习,进一步掌握 Particular 粒子特效参数设置方法。视频教学请扫二维码。

火焰参数设置

Step 1 启动 After Effects,在"项目"面板中双击,导入"人物"文件,在"项目"面板中同时选择所导入的"人物"素材,将其置入"时间线"面板,此时"时间线"面板的状态如图 6-82 所示。

粒子跟踪

■ 图 6-82 "时间线"面板

Step 2 裁剪视频后,将合成修剪至工作区域,如图 6-83 所示。

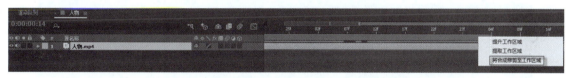

■ 图 6-83 将合成修剪至工作区域

Step 3 单击"图层"→"新建"→"纯色"菜单命令,新建纯色层,单击"效果"→"TrapCode"→"Particular"菜单命令,添加粒子效果,如图 6-84 所示。

■ 图 6-84 添加粒子效果

Step 4 粒子关键帧设置,将时间轴移至 0 秒位置,单击"发射器类型位置"前面的秒表,然后移动发射器位置,如图 6-85 所示。

■ 图 6-85　粒子关键帧设置

Step 5 移动时间轴，并设置相应的发射器位置关键帧，如图 6-86 所示。

■ 图 6-86　发射器位置关键帧

Step 6 在"Particular"面板中，设置"速率"值为 30；然后选择"粒子"栏，把"生命随机"值加大设为 60，把"粒子类型"设置为"发光球体"，让它有发光的效果，"尺寸"设置为 20，"随机尺寸"设为 60（见图 6-87），效果如图 6-88 所示。

Step 7 将粒子的颜色修改为橙色，将"应用模式"设置成"加强"模式，产生火焰的效果，如图 6-89 所示。在"物理学"中设置"Air"，单击"扰乱场"中的"影响位置"，加大设置为 200，让它有一个漂浮的效果，在"渲染"面板中设置"运动模糊"，将运动模糊打开，设置"快门角度"为 1 500，产生一个快速模糊的效果，然后将"不透明度"提升（见图 6-90），加大它的显示效果，如图 6-91 所示。

第 6 章 滤镜特效

■ 图 6-87 "Particular" 面板设置

■ 图 6-88 Particular 效果

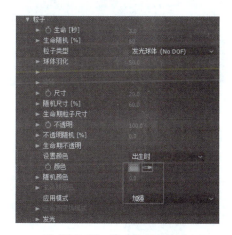

■ 图 6-89 修改粒子的颜色

■ 图 6-90 "运动模糊"设置

■ 图 6-91 效果图

123

6.8.4 人物特技

通过本案例学习，进一步掌握图层的剪辑、冻结帧与钢笔工具的使用方法。视频教学请扫二维码。

视频剪裁

人物上跳特效

人物下落特效

踩裂与烟雾特效

Step 1 启动 After Effects，在"项目"面板中双击，导入"跳跃"文件，在"项目"面板中同时选择所导入的"跳跃"素材，将其置入"时间线"面板，然后将其分成三段："背景""上跳""下落"，如图 6-92 所示。

■ 图 6-92　"时间线"面板

Step 2 制作上跳特写，选择"上跳"图层，复制该图层，然后将时间轴移至"上跳"图层最后面，单击"图层"→"时间"→"冻结帧"菜单命令，冻结图层，移动冻结层，并用"钢笔工具"勾选人物，如图 6-93 所示。

■ 图 6-93　冻结图层

第 6 章 滤镜特效

Step 3 选择背景层，单击"图层"→"时间"→"冻结帧"菜单命令，冻结图层，然后拉长背景层至"上跳特效"层，如图 6-94 所示。

■ 图 6-94　拉长背景层

Step 4 选择"上跳特效"图层，按【P】键，制作人物上跳特效动画，如图 6-95 所示。

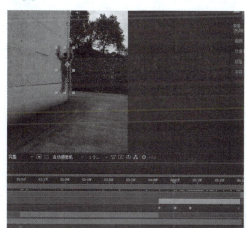

■ 图 6-95　上跳特效动画

125

Step ⑤ 用同样的方法制作人物下落特效，如图 6-96 所示。

图 6-96　下落特效

Step ⑥ 导入地板开裂，按【S】键，调整其大小，把图层的模式设置为"叠加"，如图 6-97 所示。

Step ⑦ 选择地板开裂图层，用"钢笔工具"绘制一个圆圈。然后把蒙版层中的羽化值加大。设置这一层的蒙版扩展，单击前面的码表，设置关键帧。拖动时间轴，把"扩展"设置为 300，此时裂痕就越来越大，如图 6-98 所示。

Step ⑧ 地板开裂时添加"爆炸""烟雾"素材，最终效果如图 6-99 所示。

图 6-97　地板开裂图层模式设置

图 6-98　地板开裂关键帧动画

图 6-99　效果图

第 7 章 抠像与模拟仿真技术

在 After Effects 中利用键控和蒙板特效可以轻松去除拍摄的背景颜色，从而制作出各种合成特效。

7.1 抠像技术

抠像技术是在影视制作领域被广泛采用的技术手段。比如演员在绿色或蓝色构成的背景前表演，但这些背景在最终的影片中是见不到的，就是运用了抠像技术，用其他背景画面替换了蓝色或绿色。抠像并不仅限于蓝色或绿色，理论上只要是单一的、比较纯的颜色就可以进行抠像。在实际工作中，背景颜色与演员的服装、皮肤、眼睛、道具等的颜色反差越大，在后期进行抠像的操作越容易实现。

7.1.1 颜色范围

该特效可以应用的色彩模式包括 Lab、YUV 和 RGB，被指定的颜色范围将产生透明度。该特效的参数设置如图 7-1 所示。

该特效的各项参数含义如下。

预览：用来显示抠像所显示的颜色范围预览。

吸管：可以从图像中吸取需要镂空的颜色。

加选吸管：在图像中单击，可以增加键控的颜色范围。

减选吸管：在图像中单击，可以减少键控的颜色范围。

模糊：控制边缘的柔和程度。值越大，边缘越柔和。

色彩空间：设置键控所使用的颜色空间。包括 Lab、YUV 和 RGB 三个选项。

最小/最大值：精确调整颜色空间中颜色开始范围最小值和颜色结束范围的最大值。

■ 图 7-1 颜色范围

练一练

"颜色范围"抠像

下面举例说明如何使用"颜色范围"抠像技术。视频教学请扫二维码。

Step 1 启动 After Effects, 在"项目"面板中双击, 导入"人物 .jpg"文件, 在"项目"面板中同时选择所导入的"人物"素材, 将其置入"时间线"面板, 然后单击"效果"→"抠像"→"颜色范围"菜单命令, 在弹出的"颜色范围"面板中选择 吸管工具单击人物周围的蓝色, 产生的效果如图 7-2 所示。

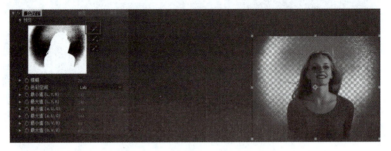

图 7-2 "颜色范围"面板

Step 2 周围蓝色没抠干净, 选择 加选吸管工具反复单击人物周围的蓝色, 效果如图 7-3 所示。

图 7-3 抠像效果

7.1.2 线性颜色键

该特效可以根据 RGB 彩色信息或色相及饱和度信息, 与指定的键控色进行比较, 产生透明区域。该特效的参数设置如图 7-4 所示。

该特效的各项参数含义如下。

预览: 用来显示抠像所显示的颜色范围预览。

吸管: 可以从图像中吸取需要镂空的颜色。

加选吸管: 在图像中单击, 可以增加键控的颜色范围。

减选吸管: 在图像中单击, 可以减少键控的颜色范围。

视图: 设置不同的图像视图。

图 7-4 线性颜色键

第 7 章 抠像与模拟仿真技术

练一练

下面举例说明如何使用"线性颜色键"抠像技术。视频教学请扫二维码。

Step 1 启动 After Effects，在"项目"面板中双击，导入"人物.jpg"文件，在"项目"面板中同时选择所导入的"人物"素材，将其置入"时间线"面板，然后单击"效果"→"抠像"→"线性颜色键"菜单命令，在弹出的"线性颜色键"面板中选择 吸管工具单击人物周围的蓝色，产生的效果如图 7-5 所示。

"线性颜色键"抠像

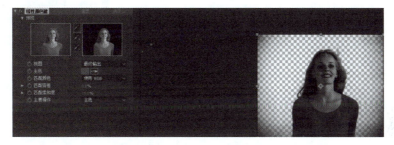

■ 图 7-5 "线性颜色键"面板

Step 2 周围蓝色没抠干净，选择 加选吸管工具反复单击人物周围的蓝色，效果如图 7-6 所示。

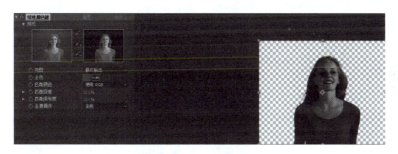

■ 图 7-6 抠像效果

Step 3 在"项目"面板中导入背景素材，并拖动至合成中，然后将其调整至人物图层下面，效果如图 7-7 所示。

■ 图 7-7 添加背景效果

129

7.1.3 Key light

Key light 特效是个获得奥斯卡大奖的全新抠像插件。能精确地控制残留在前景对象上的蓝色或绿色屏幕反光，并将其替换成新合成背景的环境光。

Key light 是一个与众不同的蓝色或绿色屏幕调制器，它运算快，容易使用，而且在处理反射、半透明面积和毛发方面功能非常强。该特效的参数设置如图 7-8 所示。

其中主要参数的解释如下：

View（查看）：用于定义图像在合成窗口中显示的方式。在右侧下拉列表中有"来源""源 Alpha""已校正源""色彩校正边""屏幕蒙版""内侧遮罩""外侧遮罩""合成蒙版""状态""中介结果""最终结果" 11 个选项供选择。

Screen Colour（屏幕色）：单击右侧的颜色按钮，从弹出的"颜色"对话框中选择要抠除的不同颜色。也可以单击右侧的（吸管工具）后在屏幕中直接吸取要抠除的颜色。

屏幕增益：用于定义屏幕颜色的增益程度。

屏幕调和：用于定义屏幕颜色的平衡程度。

■ 图 7-8 Key light 面板

练一练

"Key light"抠像

下面举例说明如何使用"Key light"抠像技术。视频教学请扫二维码。

Step 1 启动 After Effects，在"项目"面板中双击，导入"人物 .jpg"文件，在"项目"面板中同时选择所导入的"人物"素材，将其置入"时间线"面板，然后单击"效果"→"抠像"→"Key light"菜单命令，在弹出的"Key light"面板中选择 吸管工具单击人物周围的蓝色，产生的效果如图 7-9 所示。

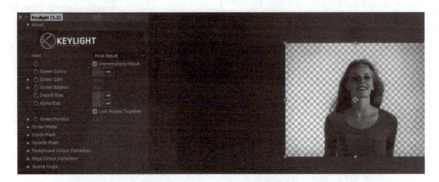

■ 图 7-9 "Key light"面板

Step 2 在 Key light 面板中选择 View（查看）类型为：Screen Matte 选项，然后设置 Clip

Black 值为 32，Clip White 值为 88，如图 7-10 所示。

■ 图 7-10　Screen Matte 选项

Step 3 设置 View（查看）类型为：Final Result 选项，效果如图 7-11 所示。

■ 图 7-11　抠像效果

Step 4 在"项目"面板中导入背景素材，并拖动至合成中，然后将其调整至人物图层下面，效果如图 7-12 所示。

■ 图 7-12　添加背景效果

7.2　模拟仿真技术

在 After Effects 中利用模拟仿真效果可以模拟出自然界中的爆炸、反射、波浪等自然现象。

"模拟"特效组主要应用不同的形式对图像进行模拟仿真,包括多种特效,如 CC Ball Action、CC Bubbles、CC Drizzle、CC Hair、CC Mr.Mercury、CC Particle Systems Ⅱ、CC Particle World、CC Pixel Polly、CC Rainfall、CC Scatterize、CC Snowfall、CC Star Burst、波形环境、焦散、卡片动画、粒子运动场、泡沫、碎片等各种特效,如图 7-13 所示。

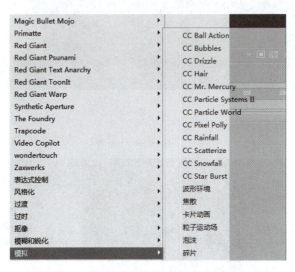

■ 图 7-13　模拟仿真

练一练

"泡沫"仿真

下面举例说明如何使用"泡沫"仿真技术。视频教学请扫二维码。

Step 1 启动 After Effects,在"项目"面板中双击,导入"背景.jpg"文件,在"项目"面板中同时选择所导入的"背景"素材,将其置入"时间线"面板,并新建纯色图层,然后单击"效果"→"仿真"→"泡沫"菜单命令,在弹出的"泡沫"面板中设置参数如图 7-14 所示。

■ 图 7-14　"泡沫"面板

Step 2 在"项目"面板中双击,导入"叶子.jpg"文件,并将叶子拖动至合成中,将其图层隐藏,然后复制泡沫图层,设置泡沫参数如图 7-15 所示。

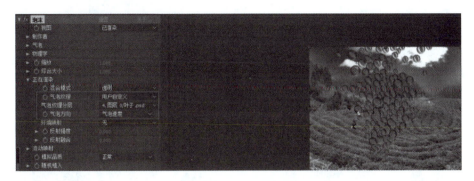

■ 图 7-15 泡沫效果

7.3 经典案例

7.3.1 精品课程人物抠像

通过精品课程人物抠像制作,掌握"颜色范围"抠像以及遮罩的综合运用方法。视频教学请扫二维码。

Step 1 启动 After Effects,在"项目"面板中双击,导入"讲课素材.mov"文件,在"项目"面板中同时选择所导入的"讲课素材"素材,将其置入"时间线"面板,然后单击"效果"→"抠像"→"颜色范围"菜单命令,弹出的"颜色范围"面板如图 7-16 所示。

人物抠像

■ 图 7-16 "颜色范围"面板

Step 2 在弹出的"颜色范围"面板中选择 吸管工具,单击人物周围的蓝色,产生的效果如图 7-17 所示。

Step 3 周围蓝色没抠干净,选择 加选吸管工具反复单击人物周围的蓝色,效果如图 7-18 所示。

■ 图 7-17 "颜色范围"抠像

■ 图 7-18 反复吸取颜色

Step 4 选择工具栏中的"钢笔工具",选择人物,将人物周边的物体遮罩,效果如图 7-19 所示。

■ 图 7-19 遮罩

Step 5 在"项目"面板中导入"背景.png",并将其拖动至合成中,效果如图 7-20 所示。

■ 图 7-20 导入背景

Step 6 调整讲课素材的图层和位置,效果如图 7-21 所示。

Step 7 在"项目"面板中导入背景素材,并将其拖动至合成中,调整其位置与大小,效果如图 7-22 所示。

■ 图 7-21　调整素材　　　　　　　　　　　■ 图 7-22　效果图

7.3.2 蒙版爆炸效果

通过蒙版爆炸效果制作,掌握图层遮罩与碎片模拟仿真效果制作。视频教学请扫二维码。

Step 1 启动 After Effects,在"项目"面板中双击,导入"Generator.MOV"文件,在"项目"面板中同时选择所导入的素材,将其置入"时间线"面板,此时"时间线"面板的状态如图 7-23 所示。

■ 图 7-23　导入素材

Step 2 导入"Explode.MOV""Explode_M.MOV"文件,然后将"Explode_M.MOV"图层移至上层,如图 7-24 所示。

Step 3 设置"Explode.MOV"图层遮罩为"亮度遮罩",产生的效果如图 7-25 所示。

Step 4 复制"Explode.MOV"图层,并移动至最上一层,将其图层模式设置为"相加",增加其爆炸效果,然后设置其"不透明度"为 60%,效果如图 7-26 所示。

■ 图 7-24　导入素材并调整位置

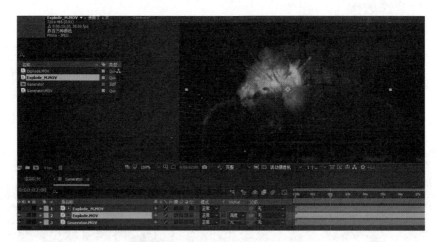

■ 图 7-25　"亮度遮罩"设置

■ 图 7-26　"不透明度"设置

Step 5 选择"Generator.MOV"图层,单击"效果"→"模拟"→"碎片"菜单命令,设置其视图为"已渲染";图案为"玻璃";"重复"值为30,产生的效果如图7-27所示。

■ 图 7-27 效果图

第 8 章 文字创建与文字动画

在影视作品中，不仅只有图像，文字也是很重要的一项内容，尽管 After Effects 是一个视频编辑软件，但其文字处理功能也十分强大。

8.1 创建文字

直接创建文字的方法有两种，可以使用菜单，也可以使用工具栏中的文字工具，创建方法如下。

方法 1：使用菜单。单击"图层"→"新建"→"文本"菜单命令，当"合成"窗口中将出现一个光标效果时，在"时间线"面板中将出现一个文字层。使用合适的输入法，直接输入文字即可。

方法 2：使用文字工具。单击工栏中的"横排或直排文字"工具，直接在"合成"窗口中输入文字。横排文字和直排文字效果如图 8-1 所示。

■ 图 8-1　横排和直排文字

8.2 文字属性

创建文字后，在"时间线"面板中将出现一个文字层，展开文字列表选项，将出现文字属性选项，如图 8-2 所示。在其中可以修改文字的基本属性。

■ 图 8-2 文字属性选项

8.2.1 文字动画

在文字列表选项右侧，有一个"动画"按钮，单击该按钮，将弹出一个菜单，该菜单中包含了文字的动画制作命令。选择某个命令后，在文字列表选项中将添加该命令的动画选项，通过该选项，可以制作出更加丰富的文字动画效果，动画菜单如图 8-3 所示。

■ 图 8-3 动画菜单

8.2.2 路径

在"路径"面板列表中，有一个路径选项，通过该选项可以制作出路径文字，在"合成"窗口中创建文字并绘制路径，然后通过"路径"右侧的菜单制作路径文字效果，路径文字设置如图 8-4 所示。

■ 图 8-4　路径文字设置

练一练

下面举例说明如何制作文字动画。视频教学请扫二维码。

文字动画
（诗词MV歌曲）

Step 1 打开工程文件。单击"文件"→"打开"菜单命令，选择"水调歌头练习.aep"文件，如图 8-5 所示。

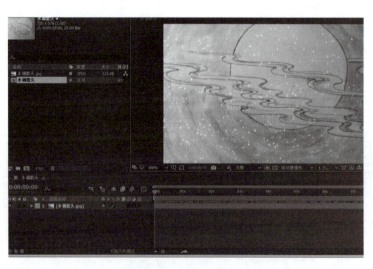

■ 图 8-5　打开工程文件

Step 2 单击"图层"→"新建"→"纯色"菜单命令，新建纯色层，单击"文本工具"，输入"明月几时有"文字。重复上述操作，再创建新文字层，输入"把酒问青天"，并调整歌词的位置，"明月几时有"文字层位置为（48，480），"把酒问青天"文字层位置为（425，530），如图 8-6 所示。

第 8 章 文字创建与文字动画

■ 图 8-6 文字位置

Step 3 选中两个文字层，按【Ctrl+D】组合键复制出两个图层，并设置复制图层名字为"明月几时有 变色"和"把酒问青天 变色"，如图 8-7 所示。

Step 4 在"时间"面板中展开"明月几时有 变色"文字层，然后单击文本右侧的"动画"按钮，在弹出的菜单中选择"不透明度"命令，如图 8-8 所示。

■ 图 8-7 复制图层

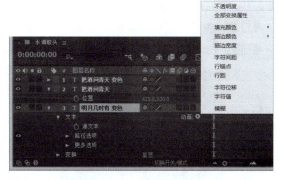

■ 图 8-8 "不透明度"动画

Step 5 在文字层列表选项中，出现一个"动画制作工具 1"选项组，通过该选项组进行透明动画的制作。首先将该选项组下的"不透明度"设置为 0%，以便制作透明动画，如图 8-9 所示。

Step 6 添加关键帧。在时间编码位置单击，将时间设置到 0 秒位置，展开"范围选择器 1"选项组中"开始"选项左侧的码表按钮，添加一个关键帧，并设置"开始"的值为 0%，如图 8-10 所示。

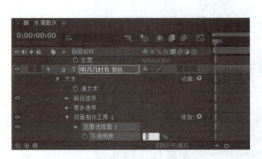
■ 图8-9 透明动画设置

■ 图8-10 添加关键帧

Step 7 将时间调整至5秒位置,设置"开始"的值为100%,系统将自动在该处创建一个关键帧,如图8-11所示。

■ 图8-11 创建关键帧

Step 8 将"明月几时有 变色"文字层的字体颜色设置为红色,如图8-12所示。

Step 9 用同样的方法制作"把酒问青天 变色"文字动画,效果如图8-13所示。

■ 图8-12 字体颜色设置

■ 图8-13 效果图

8.3 经典案例

8.3.1 文字卡片翻转动画

文字卡片翻转动画

通过文字卡片翻转动画制作,学习"卡片擦除""Shine"等方法。视频教学请扫二维码。

Step 1 文字合成。启动 After Effects，在"项目"面板中双击，导入"翻转背景.MOV"文件，在"项目"面板中同时选择所导入的"翻转背景"素材，将其置入"时间线"面板，此时"时间线"面板的状态如图 8-14 所示。

■ 图 8-14　"时间线"面板

Step 2 在工具栏中选择"横排文字"工具并在视图中输入"湖南科技学院欢迎你"白色文字，调整文字大小，如图 8-15 所示。

Step 3 展开 After Effects 文字层的"变换"项目，选择"缩放"项目并开启码表图标，记录文字第 0 秒 – 3 秒 – 4 秒由小变大再变小的动画效果，如图 8-16 所示。

■ 图 8-15　输入文字

■ 图 8-16　"缩放"动画

提示："缩放"操作前先将变换中心点移动至文字中心位置。

Step 4 翻转动画合成。在"时间线"面板中选择文字层，单击"效果"→"过渡"→"卡片擦除"菜单命令，在弹出的"卡片擦除"效果面板中设置"行数"为 1、"列数"为 30，"反转轴"为 Y，如图 8-17 所示。

Step 5 开启卡片擦除的特效合成的"过渡完成"前的码表图标，设置第 0 秒数值为 0（见图 8-18）；将时间线移动至 2 秒位置，再设置变换完成度的数值为 100，合成文字产生第 0 秒 – 第 2 秒的过渡动画效果，如图 8-19 所示。

■ 图 8-17　"卡片擦除"面板　　■ 图 8-18　"卡片擦除"面板设置　　■ 图 8-19　过渡动画效果

Step 6 开启"位置抖动"卷展栏，然后在第 0 秒位置开启 X 振动量和 Z 振动量项目的码表图标，再设置 X 振动量为 0.5；Z 振动量为 20，如图 8-20 所示。

Step 7 将时间线设置至第 2 秒位置，设置 X 振动量为 0；Z 振动量为 0，使文字在第 0 秒 – 第 2 秒位置产生振动的动画效果，如图 8-21 所示。

■ 图 8-20　"位置抖动"卷展栏　　　　　　■ 图 8-21　动画效果

Step 8 文字光效合成。在"时间线"面板中选择文字层，单击"效果"→"TrapCode"→"Shine"菜单命令，在弹出的"Shine"效果面板中设置"光线长度"值为 12；"光线亮度"值为 30；"应用模式"为"屏幕"（见图 8-22），产生的效果如图 8-23 所示。

■ 图 8-22　"Shine"效果面板　　　　　　■ 图 8-23　Shine 效果

Step 9 设置光线动画，将时间移动到 0 帧位置，设置"来源点"位置为（600，288）；将时间移动到 4 秒位置，设置"来源点"位置为（0，288），产生的动画效果如图 8-24 所示。

第 8 章　文字创建与文字动画

■ 图 8-24　效果图

8.3.2　爆炸碎片文字动画

爆炸碎片文字动画主要使用了"碎片"特效合成制作，通过自定义的形状和渐变方向调节出爆炸文字动画效果，黄色的光晕衬托出爆炸文字的细腻效果。视频教学请扫二维码。

爆炸碎片文字动画

Step 1 前期元素制作。启动 After Effects，单击"合成"→"新建合成"菜单命令，建立新的合成。在弹出的"合成设置"对话框中设置"合成名称"为"形状"，"持续时长"为 5 秒，如图 8-25 所示。

■ 图 8-25　"合成设置"对话框

Step 2 单击"图层"→"纯色"菜单命令，新建白色固态层，单击"效果"→"杂色与颗粒"→"杂色"菜单命令，在弹出的"杂色"面板中设置"杂色数量"为 100%；勾选"使用杂色""剪切结果值"复选框（见图 8-26），使其产生细腻的彩色噪点，如图 8-27 所示。

■ 图 8-26　"杂色"面板　　　　　　■ 图 8-27　彩色噪点

145

Step 3 单击"合成"→"新建合成"菜单命令,建立新的合成。在弹出的"合成设置"对话框中设置"合成名称"为"渐变","持续时长"为 5 秒,如图 8-28 所示。

Step 4 单击"图层"→"纯色"菜单命令,新建白色固态层,单击"效果"→"生成"→"梯度渐变"菜单命令,在弹出的"梯度渐变"面板中设置"渐变形状"为"线性"(见图 8-29),使渐变产生水平方向的过渡,如图 8-30 所示。

Step 5 文字爆炸制作。单击"合成"→"新建合成"菜单命令,建立新的合成。在弹出的"合成设置"对话框中设置"合成名称"为"爆炸文字","持续时长"为 5 秒,如图 8-31 所示。

■ 图 8-28　建立合成"渐变"

■ 图 8-29　"梯度渐变"面板

■ 图 8-30　渐变效果

■ 图 8-31　新建合成"爆炸文字"

Step 6 在工具栏中选择"横排文字工具"并在视图中输入"Adobe after effect"黄色文字,调整文字大小,如图 8-32 所示。

Step 7 将制作完成的"渐变"与"形状"合成项目文件拖动至"时间线"面板中进行编辑,然后关闭"渐变"与"形状"层的显示,准备为碎片特效做图案使用,如图 8-33 所示。

■ 图 8-32　输入文字

■ 图 8-33 "时间线"面板

Step 8 单击"效果"→"模拟"→"碎片"菜单命令,在弹出的"碎片"面板中设置"视图"为"已渲染"显示方式;"图案"为"自定义";"自定义碎片图"为"形状";调整"渐变"卷展栏中的参数,再设置"渐变图层"为"渐变"层,将渐变层作为文字层显示,如图 8-34 所示。

■ 图 8-34 "碎片"面板

Step 9 文字爆炸效果如图 8-35 所示。

■ 图 8-35 效果图

第 9 章

表 达 式

表达式就是 After Effects 内部基于 JS 编程语言开发的编辑工具，可以理解为简单的编程，不过没有编程那么复杂。其次表达式只能添加在可以编辑的关键帧的属性上，不可以添加在其他地方；表达式的使用根据实际情况来决定，如果关键帧可以更好地实现你想要的效果，使用关键帧即可，表达式大部分情况下可以节约时间，提高工作效率。

由于 After Effects 中不同属性的参数不同，常用的可分为：数值（旋转/不透明度）、数组（位置/缩放）、布尔值（true 代表"真"、false 代表"假"/0 代表"假"、1 代表"真"）这三种形式来书写表达式。对于表达式 AE 也有很多内置的函数命令，直接可以在表达式语言菜单中进行调用。

9.1 time 表达式

time 表达式原理：time 表示时间，以秒为单位，time*n = 时间（秒数）*n（若应用于旋转属性，则 n 表示角度）。

 练一练

下面举例说明如何使用 time 表达式。视频教学请扫二维码。

Step 1 启动 After Effects，按【Ctrl+N】组合键新建一个合成，按【Ctrl+Y】组合键新建一个纯色层，在"纯色设置"对话框中设置参数如图 9-1 所示。

Step 2 按【R】键，展开"旋转"选项，按住【Alt】键，单击"旋转"选项前面的秒表，输入表达式：time*60，如图 9-2 所示。

若在旋转属性上设置 time 表达式为 time*60，则图层将通过 1 秒的时间旋转 60°，2 秒时旋转到 120°，依此类推（数值为正数时顺时针旋转，为负数时逆时针旋转）。

注意事项：time 只能赋予一维属性的数据。（位置属性可进行单独尺寸的分离，从而可单独设置 X 或 Y 上的 time）。

■ 图 9-1 "纯色设置"对话框

■ 图 9-2 输入表达式

9.2 抖动/摆动表达式

抖动/摆动表达式原理：freq= 频率（设置每秒抖动的频率）；amp= 振幅（每次抖动的幅度）；octaves= 振幅幅度（在每次振幅的基础上还会进行一定的振幅幅度，很少用）；amp_mult= 频率倍频（默认数值即可，数值越接近 0，细节越少；越接近 1，细节越多）；t= 持续时间（抖动时间为合成时间，一般无须修改）；一般只写前两个数值即可。

练一练

下面举例说明如何使用 wiggle 表达式。视频教学请扫二维码。

Step 1 启动 After Effects，按【Ctrl+N】组合键新建一个合成，按【Ctrl+Y】组合键新建一个纯色层，在"纯色设置"对话框中设置参数如图 9-3 所示。

Step 2 按【P】键，展开"位置"选项，按住【Alt】键，单击"位置"选项前面的秒表，输入表达式：wiggle(10,20)，如图 9-4 所示。

抖动/摆动表达式

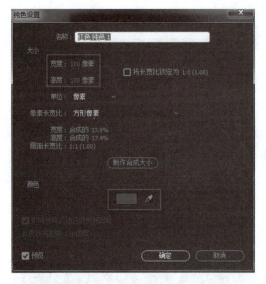

■ 图 9-3　"纯色设置"对话框

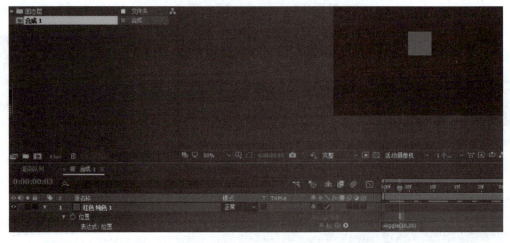

■ 图 9-4　输入表达式

若在一维属性中，为位置属性添加 wiggle(10,20)，则表示图层每秒抖动 10 次，每次随机波动的幅度为 20；若在二维属性中，为缩放添加 n=wiggle(1,10);[n[0],n[0]]，则表示图层的缩放在 X、Y 轴每秒抖动 10 次，每次随机波动的幅度为 20；若在二维属性中，想单独在单维度进行抖动，需要将属性设置为单独尺寸后添加 wiggle(10,20)，表示图层的缩放在 X 轴每秒抖动 10 次，每次随机波动的幅度为 20。

注意事项：可直接在现有属性上运行，包括任何关键帧。

9.3　index 表达式（索引表达式）

index 表达式原理：为每间隔多少数值来产生多少变化。

练一练

下面举例说明如何使用 index 表达式。视频教学请扫二维码。

index表达式

Step 1 启动 After Effects，按【Ctrl+N】组合键新建一个合成，按【Ctrl+Y】组合键新建一个纯色层，在"纯色设置"对话框中设置参数如图 9-5 所示。

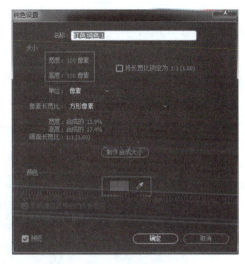

■ 图 9-5 "纯色设置"对话框

Step 2 按【R】键，展开"旋转"选项，按住【Alt】键，单击"旋转"选项前面的秒表，输入表达式：index*5，如图 9-6 所示。

■ 图 9-6 输入表达式

Step 3 按【Ctrl+D】组合键复制多个图层，效果如图 9-7 所示。

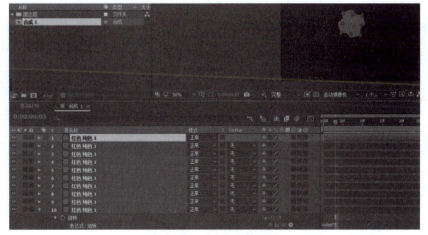

■ 图 9-7 复制多个图层

若为图层 1 的旋转属性添加表达式 index*5，则第一个图层会旋转 5°，之后按【Ctrl+D】组合键复制多个图层时，第 2 个图层将旋转 10°，依此类推；若想第一个图层中的图形不产生旋转，保持正常形态，复制后的图形以 5° 递增，则表达式可写为 (index−1)*5。

9.4　value 表达式

value 表达式原理：在当前时间输出当前属性值。

下面举例说明如何使用 value 表达式。视频教学请扫二维码。

Step 1 启动 After Effects，按【Ctrl+N】组合键新建一个合成，按【Ctrl+Y】组合键新建一个纯色层，在"纯色设置"对话框中设置参数如图 9-8 所示。

■ 图 9-8　"纯色设置"对话框

Step 2 按【P】键，展开"位置"选项，按住【Alt】键，单击"位置"选项前面的秒表，输入表达式：value+100，如图 9-9 所示。

■ 图 9-9　输入表达式

若对位置属性添加表达式为 value+100，则位置会在关键帧数值的基础上对 X 轴向右偏移 100（正数向右侧，负数向左侧）；若想控制 Y 轴的位置属性，则可对位置属性进行单独尺寸的分割，从而可单独控制 Y 轴（正数向下，负数向上）。

注意事项：更多的使用场景是结合其他表达式一起应用。

9.5 random 表达式（随机表达式）

random 表达式原理：random(x,y) 在数值 x 到 y 之间随机进行抽取，最小值为 x，最大值为 y。

下面举例说明如何使用 random 表达式。视频教学请扫二维码。

random表达式

Step 1 启动 After Effects，按【Ctrl+N】组合键新建一个合成，用文字工具在合成中输入"１２３４５６７８９"数字，如图 9-10 所示。

■ 图 9-10　输入数字

Step 2 展开"源文本"选项，按住【Alt】键，单击"源文本"选项前面的秒表，输入表达式：random(20)，如图 9-11 所示。

■ 图 9-11　输入表达式

若为数字源文本添加表达式 random(20)，则数据会随机改变，最大值不会超过 20；若为数字源文本添加表达式 random(10,100)，则数据会在 10< 数值 <100 之间随机改变；若为数字源文本添加表达式 seedRandom(5, timeless = false),random(50)，则数据会在 50 以内随机改变（前面的 5 是种子数，如一张画面中需要多个相同区间的数值做随机变化，就要为其添加不同的种子数，防止两者随机变化雷同），若希望数字随机变化为整数则应添加表达式为 Math.round(random(2,50))，表示在 2 ～ 50 之间随机改变，无小数。

注意事项：随机表达式不仅局限于数据上的使用，其他属性也可以应用，若数值为整数 Math 的 M 要大写。

9.6 loopOut 表达式（循环表达式）

loopOut 表达式原理：loopOut(type=" 类型 ",numkeyframes=0) 对一组动作进行循环，loopOut(type="pingpong", numkeyframes=0) 是类似像乒乓球一样来回循环；loopOut(type="cycle", numkeyframes=0) 是周而复始地循环；loopOut(type="continue") 延续属性变化的最后速度，

loopOut
表达式

loopOut(type="offset", numkeyframes=0) 是重复指定的时间段进行循环；numkeyframes=0 是循环的次数，0 为无限循环，1 是最后两个关键帧无限循环，2 是最后三个关键帧无限循环，依此类推。

下面举例说明如何使用 loopOut 表达式。视频教学请扫二维码。

启动 After Effects，按【Ctrl+N】组合键新建一个合成，按【Ctrl+Y】组合键新建一个纯色层，在"纯色设置"对话框中设置参数如图 9-12 所示。

■ 图 9-12　"纯色设置"对话框

按【P】键，展开"位置"选项，设置纯色图层的位置动画，然后按住【Alt】键，单击"位置"选项前面的秒表，输入表达式：loopOut(type = "cycle", numKeyframes = 0)，产生循环运动，如图 9-13 所示。

■ 图 9-13 输入表达式

9.7 经典案例

9.7.1 文字合成

通过文字合成制作，掌握 value 表达式、灯光、图层等设置方法。视频教学请扫二维码。

立体文字

倒影

Step 1 启动 After Effects，单击"合成"→"新建合成"菜单命令，新建合成，并在合成中输入"影视特效与合成"文字，如图 9-14 所示。

■ 图 9-14 输入文字

Step 2 单击【P】键，并打开三维开关，然后按住【Alt】键，单击"位置"前面的秒表，输入表达式"value+[0,0,index]"，如图 9-15 所示。

■ 图 9-15 输入表达式

Step 3 复制12个图层，然后选择最上面的图层，单击"效果"→"生成"→"梯度渐变"菜单命令，设置渐变颜色由蓝色到白色渐变，如图9-16所示。

图9-16 梯度渐变

Step 4 将新建合成拖动至新建合成按钮上，新建一个合成，然后新建图层，设置图层大小为5 000，颜色为橙色，并打开其三维开关，X轴旋转90°并调整位置，如图9-17所示。

图9-17 新建图层

Step 5 调整纯色图层至文字图层下面，然后单击"图层"→"新建"→"摄像机"菜单命令，调整摄像机位置，效果如图9-18所示。

图9-18 调整摄像机位置

Step 6 制作倒影，将义字图层复制，然后按【S】键，取消"约束"选项，将Y轴设置为-100，产生倒立文字效果，如图9-19所示。

■ 图9-19 倒立文字效果

Step 7 调整倒立文字位置至纯色图层下面，然后降低纯色图层的不透明度，产生倒影，如图9-20所示。

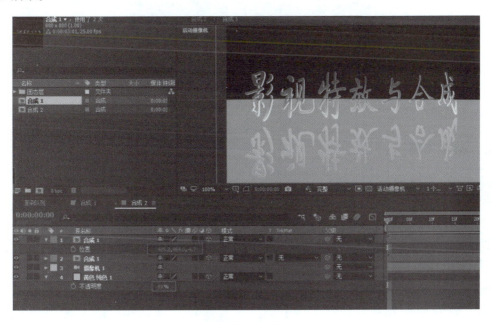

■ 图9-20 倒影

Step 8 单击"图层"→"新建"→"灯光"菜单命令，产生灯光，然后调整灯光位置，以及灯光"强度""颜色"，产生的效果如图9-21所示。

■ 图 9-21　调整灯光

Step 9 将"投影"选项打开，设置"阴影深度"为50%，然后将文字合成图层"投影"选项打开，产生的阴影效果如图9-22所示。

■ 图 9-22　阴影效果

9.7.2　蝴蝶飞舞

通过蝴蝶飞舞制作，掌握time表达式、路径等设置方法。视频教学请扫二维码。

Step 1 启动After Effects，在"项目"面板中导入"蝴蝶.psd"文件，在弹出的对话框中选择"导入类型"为"合成"，如图9-23所示。

Step 2 在"蝴蝶"合成中，删除背景图层，选择"right wing"图层，打开其三维开关，然后按【R】键，打开旋转属性，按住【Alt】键，单击旋转Y轴秒表，输入表达式"Math.sin(time)*60"，右翅膀旋转动画产生了，如图9-24所示。

Step 3 选择"left_t wing"图层，打开其三维开关，然后按【R】键，打开旋转属性，按住【Alt】键，单击旋转Y轴秒表，输入表达式"Math.sin(time)*(-60)"，左翅膀旋转动画产生了，如图9-25所示。

第 9 章 表达式

图 9-23 导入文件

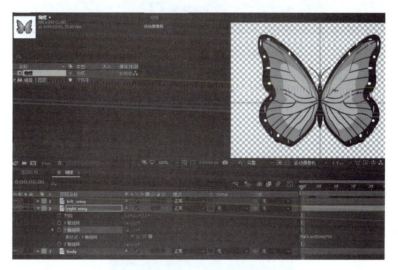

图 9-24 输入表达式（一）

图 9-25 输入表达式（二）

Step 4 将"蝴蝶"合成拖动至新建合成按钮上,新建一个合成,按【S】键,缩小蝴蝶,然后导入背景,如图9-26所示。

图9-26 缩小蝴蝶

Step 5 选择"蝴蝶"图层,按【P】键,从左下角移动至右上角的位移关键帧动画,然后单击"图层"→"变换"→"自动定向"菜单命令,在弹出的"自动方向"对话框中选择"沿路径定向"单选按钮,如图9-27所示。

图9-27 沿路径定向

Step 6 按【R】键,调整蝴蝶方向,蝴蝶动画如图9-28所示。

图9-28 效果图

第 10 章

MG 角色动画

MG 动画是通过将文字、图形等信息"动画化",从而达到更好传递信息的效果。

10.1 MG 动画的概念

MG(Motion Graphic,运动图形)和传统动画的最大区别是,传统动画是通过塑造角色,从而讲述一段故事。虽然 MG 动画中有时候也会出现角色,但这个角色不会是重点,角色只是为表现一个信息而服务的。

随着动态图形艺术的风靡,美国三大有线电视网络 ABC、CBS 和 NBC 率先开始在节目中应用动态图形,不过当时的动态图形只是作为企业标示出现,而不是创意与灵感的表达。20 世纪 80 年代随着彩色电视和有线电视技术的兴起,越来越多的小型电视频道开始出现,为了区分于三大有线电视网络的固有形象,后起的电视频道纷纷开始使用动态图形作为树立形象的宣传手段。

除了 20 世纪 80 年代有线电视的普及,电子游戏、录像带以及各种电子媒体的不断发展所产生的需求也为动态图形设计师创造了更多的就业机会,能够在当时的技术制约下创作动态图形的设计师需求量巨大。在 20 世纪 90 年代之后,影响力最为广泛的动态图形师是基利·库柏(Kyle Cooper),他将印刷设计中的手法应用在动态图形设计当中,从而把传统设计与新的数字技术结合在了一起。他参与设计过的电影、电视剧片头多达 150 部以上。其中以他在 1995 年为大卫·芬奇(David Fincher)导演的电影《七宗罪》(Seven)所设计的片头最具代表性,如图 10-1 所示。

在电影片头制作史上当然不能缺少著名的谍战影片《007 詹姆斯·邦德系列》,随着科学技术的进步,动态图形的发展日新月异。在 20 世纪 90 年代初,大部分设计师只能在价值高昂的专业工作站上开展工作。

随着计算机技术的进步和众多软件开发厂商在个人计算机系统平台的软件开发,到了 20 世纪 90 年代,很多 CG 工作任务从模拟工作站转向了数字计算机,这期间出现了愈来愈多的独立设计师,快速地推动了 CG 艺术的进步。随着数码影像技术革命性地发展,将动态图形推到了一个新的高点。

如今，动态图形在任何播放媒体上随处可见。

■ 图 10-1　《七宗罪》片头

 练一练

游鱼动画

下面举例说明如何制作游鱼 MG 动画。视频教学请扫二维码。

Step 1 启动 After Effects，在"项目"面板中双击，导入"狮子头金鱼 .psd"文件，在弹出的对话框中选择"导入种类"为"合成"（见图 10-2），单击"确定"按钮。

■ 图 10-2　导入文件

Step 2 双击"狮子头金鱼"合成，在"合成设置"对话框中设置"宽度""高度"为 800（见图 10-3），然后旋转狮子头金鱼至水平位置，如图 10-4 所示。

Step 3 在工具栏中选择"操控点工具"，在狮子头金鱼身上添加操控点，并勾选"网格"，然后扩展网格，产生的网格包围狮子头金鱼全身，如图 10-5 所示。

第 10 章　MG 角色动画

■图 10-3　"合成设置"对话框

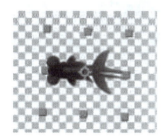

■图 10-4　旋转狮子头金鱼

■图 10-5　网格包围狮子头金鱼全身

STEP 4 选择所有操控点，然后"添加骨骼"，如图 10-6 所示。

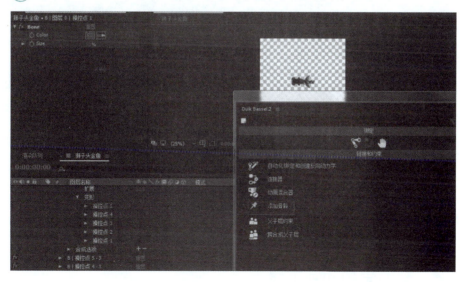

■图 10-6　添加骨骼

163

Step 5 选择所有图层操控点，按【P】键，在初始位置添加关键点，然后将时间轴移动至12 帧位置，移动 Y 轴，设置 Y 轴位置关键点，最后将时间轴移动至 1 秒位置，将初始位置的关键点复制至 1 秒位置，如图 10-7 所示。

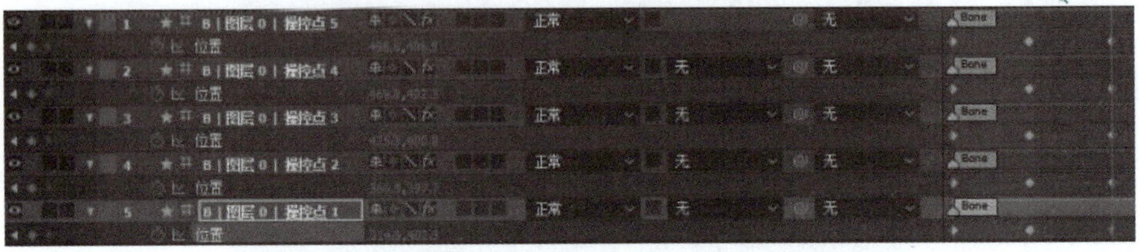

■ 图 10-7　添加关键点

Step 6 选择所有关键点，按【F9】键，将关键点转化为"缓动"，然后调整各层关键点位置，如图 10-8 所示。

■ 图 10-8　调整各层关键点位置

Step 7 设置位置表达式 loopOut(type = "cycle", numKeyframes = 0)，产生重复运动，如图 10-9 所示。

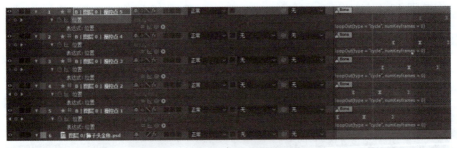

■ 图 10-9　产生重复运动

10.2　动力学和动画工具

Duik 是 DuDuF 公司出品的动力学和动画工具，基本工具包含：反向动力学、骨骼变形器、动态效果、自动骨骼绑定、IK、图形学等。

反向运动学包含使用非常复杂的三角函数表达式，在许多情况下这个工具是必不可少的，创建动画人物，尤其是散步、跑步、任何形式的机械动画过程。而 Duik 则可以自动化该创建过程，一个简单的控制器，一只胳膊、腿、肩膀等，可以通过修改动画来控制任意一部分。

下面举例说明如何制作手臂骨骼运动动画。视频教学请扫二维码。

手臂骨骼动画

Step 1 启动 After Effects，在"项目"面板中双击，导入"手 .psd"文件，在弹出的对话框中选择"导入种类"为"合成"，然后单击"确定"按钮，产生"手"合成，如图 10-10 所示。

Step 2 选择工具栏中的"锚点工具"，分别调整手臂各部分锚点位置，如图 10-11 所示。

Step 3 创建手臂骨骼，然后调整其位置，如图 10-12 所示。

■ 图 10-10　导入文件　　　■ 图 10-11　调整手臂各部分锚点位置　　　■ 图 10-12　创建手臂骨骼

Step 4 选择所有的骨骼，然后单击"自动化绑定和创建反向动力学"按钮，如图 10-13 所示。

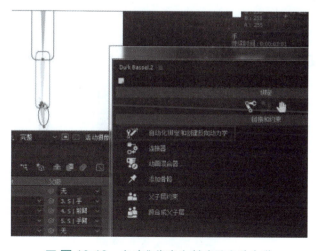

■ 图 10-13　自动化绑定和创建反向动力学

Step 5 选择"手"图层,与"S|手"产生父子连接,"小臂"与"S|前臂"产生父子连接,"大臂"与"S|手臂"产生父子连接,如图10-14所示。

■ 图10-14 父子连接

Step 6 选择C\手图层,移动产生手臂运动,如图10-15所示。

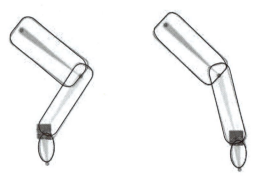

■ 图10-15 动画效果

10.3 经典案例

角色挥手动画

10.3.1 角色挥手动画

通过角色挥手动画制作,掌握角色手臂骨胳绑定、臂旋转动画等方法。视频教学请扫二维码。

Step 1 启动 After Effects,打开角色模型,如图10-16所示。

■ 图10-16 打开角色模型

Step 2 单独显示"小臂""大臂""手",如图10-17所示。

■ 图10-17 单独显示

Step 3 创建手臂骨骼,然后调整其位置,如图10-18所示。

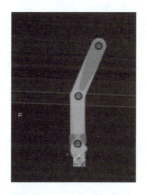

■ 图10-18 创建手臂骨骼

Step 4 选择所有骨骼,然后单击"自动化绑定和创建反向动力学"按钮,如图10-19所示。

■ 图10-19 自动化绑定和创建反向动力学

Step 5 选择"手"图层，与"S|手"产生父子连接，"小臂"与"S|前臂"产生父子连接，"大臂"与"S|手臂"产生父子连接，如图10-20所示。

■ 图10-20 父子连接

Step 6 选择C\手图层，按【P】键，设置手臂动画，如图10-21所示。

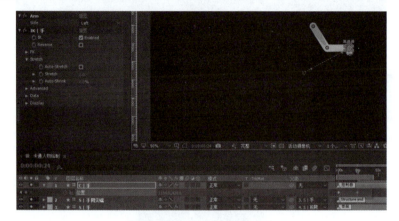

■ 图10-21 设置手臂动画

Step 7 按【R】键，设置手臂旋转动画，如图10-22所示。

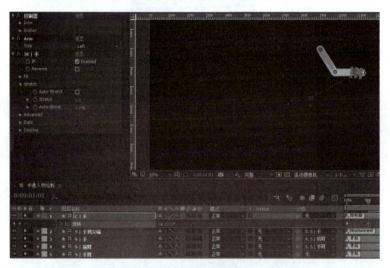

■ 图10-22 设置手臂旋转动画

Step 8 单独显示"小臂2""大臂2""手2"，创建手臂骨胳，然后调整其位置，如图10-23所示。

第 10 章　MG 角色动画

■ 图 10-23　创建手臂骨胳

Step 9 选择创建的骨胳，然后单击"自动化绑定和创建反向动力学"按钮，选择 C1\手图层，按【P】键，设置手臂动画，如图 10-24 所示。

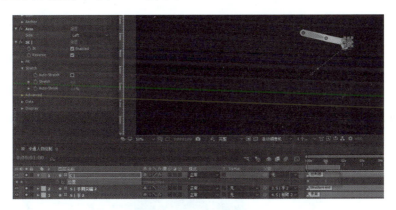

■ 图 10-24　设置手臂动画

Step 10 按【R】键，设置手臂旋转动画，如图 10-25 所示。

■ 图 10-25　设置手臂旋转动画

Step 11 将全部显示，效果如图 10-26 所示。

■ 图 10-26　效果图

10.3.2　角色行走动画

角色行走动画

通过角色行走动画制作，掌握"人形态"骨骼创建以及行走动画设置方法。视频教学请扫二维码。

Step 1 启动 After Effects，在"项目"面板中双击，导入"character1.ai"文件，在弹出的对话框中选择"导入种类"为"合成"，然后单击"确定"按钮，产生"character1"合成，如图 10-27 所示。

Step 2 创建"人形态"骨骼，如图 10-28 所示。

Step 3 单独显示角色一只脚与其骨骼，然后调整骨骼与角色的脚匹配，如图 10-29 所示。

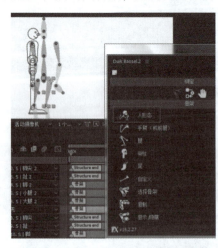

■ 图 10-27　导入文件　　■ 图 10-28　创建"人形态"骨骼　　■ 图 10-29　调整骨骼与角色的脚匹配

Step 4 选择"leg2"图层，与"S|大腿2"产生父子连接，"leg2_2"与"S|小腿2"产生父子连接，"foot2"与"S|脚2"产生父子连接，如图 10-30 所示。

■ 图 10-30　父子连接

Step 5 用同样的方法制作另一只脚的骨骼，如图 10-31 所示。

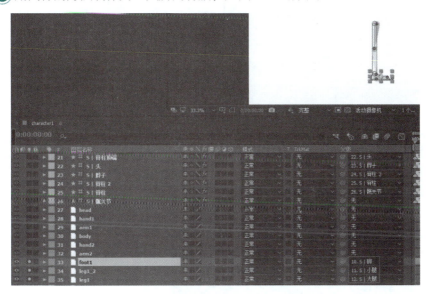

■ 图 10-31　制作另一只脚的骨骼

Step 6 制作二只手的骨骼，如图 10-32 所示。

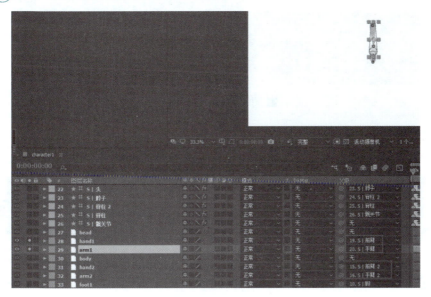

■ 图 10-32　制作二只手的骨骼

Step 7 单独显示角色的头与身体，然后显示其骨骼，调整骨骼与角色的头、身体匹配，如图 10-33 所示。

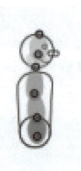

■ 图 10-33　调整骨骼与角色的头、身体匹配

Step 8 选角色的身体，在工具栏中选择“操控点工具”，在角色的身体上添加三个操控点，然后选择所有操控点，“添加骨骼”，如图 10-34 所示。

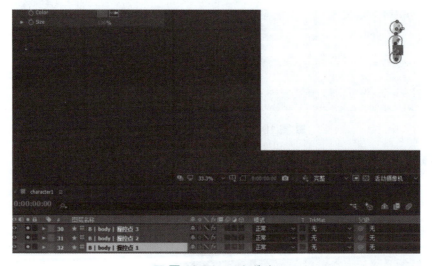

■ 图 10-34　添加骨骼

Step 9 分别将三个操控点添加“S | 脊柱”“S | 脊柱 2”“S | 脖子”父子连接，如图 10-35 所示。

#	图层名称	模式	TrkMat	父级
30	B | body | 操控点 3	正常	无	23. S | 脖子
31	B | body | 操控点 2	正常	无	24. S | 脊柱 2
32	B | body | 操控点 1	正常	无	25. S | 脊柱
33	body	正常	无	无

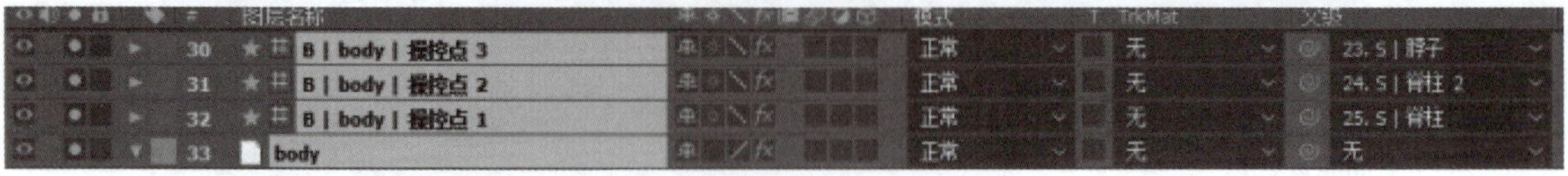

■ 图 10-35　父子连接

Step 10 显示全部骨骼与角色模型，如图 10-36 所示。

Step 11 选择全部骨骼，单击“自动化绑定和创建反向动力学”按钮，如图 10-37 所示。

第 10 章 MG 角色动画

■ 图 10-36 显示全部骨骼与角色模型

■ 图 10-37 自动化绑定和创建反向动力学

Step 12 选择全部调制器,然后单击"步行循环动画"按钮,产生步行动画,如图 10-38 所示。

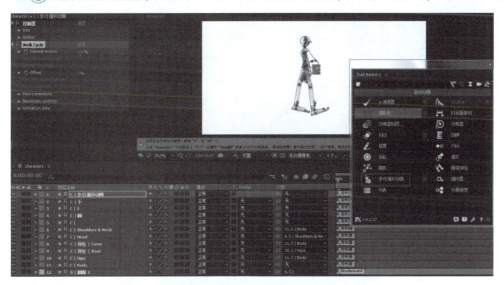
■ 图 10-38 步行循环动画

10.3.3 古画 MG 动画

通过古画 MG 动画制作,掌握角色 MG 动画综合运用。视频教学请扫二维码。

启动 After Effects,在"项目"面板中双击,导入"摇扇子_练习.psd"文件,在弹出的对话框中选择"导入种类"为"合成",然后单击"确定"按钮,产生"摇扇子_练习"合成,如图 10-39 所示。

创建脊柱骨骼,然后调整其位置,如图 10-40 所示。

■ 图10-39 导入文件

■ 图10-40 创建脊柱骨骼

创建腿骨骼，然后调整其位置，如图10-41所示。

■ 图10-41 调整腿骨骼

选择"女子"图层，在工具栏中选择"操控点工具"，在"女子"图层身上添加操控点，并勾选"网格"，然后扩展网格，产生的网格包围"女子"图层全身，如图10-42所示。

■ 图10-42　添加操控点

选择所有操控点，然后"添加骨胳"，如图10-43所示。

■ 图10-43　添加骨胳

将创建控制点与相应的骨胳产生父子连接，如图10-44所示。

■ 图10-44　父子连接

选择全部骨胳，单击"自动化绑定和创建反向动力学"按钮，如图10-45所示。

选择"C|Body"图层，按【P】键，创建图层动画，如图10-46所示。

选择所有关键点，按【F9】键，将关键点转化为"缓动"，然后调整各层的关键点位置，按住【Alt】键，单击位置秒表，设置位置表达式 loopOut(type = "cycle", numKeyframes = 0)，产生重复运动，如图 10-47 所示。

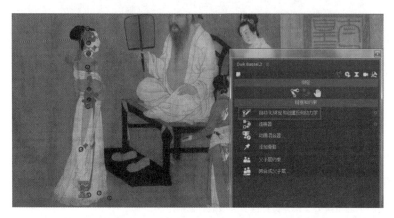

■ 图 10-45　自动化绑定和创建反向动力学

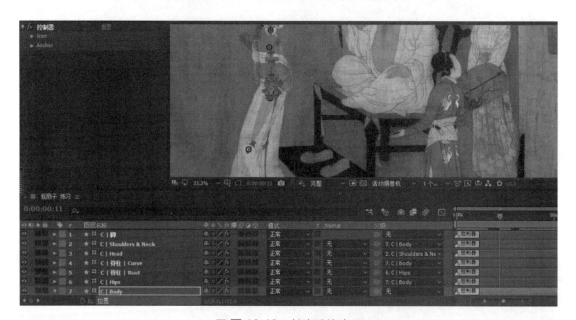

■ 图 10-46　创建图层动画

■ 图 10-47　输入表达式

同样设置女子脖子向前运动动画，如图 10-48 所示。

动画效果如图 10-49 所示。

第 10 章 MG 角色动画

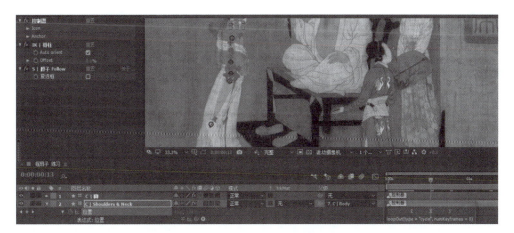

■ 图 10-48 设置女子脖子向前运动动画

■ 图 10-49 效果图